国家级实验教学示范中心系列规划教材

普通高等院校机械类"十三五"规划实验教材

机电液系统测控实验教程

陈远玲　董振　冯喆　麻芳兰　编著

华中科技大学出版社

中国·武汉

内 容 提 要

　　根据机电液技术发展的需要,作者深耕液压传动与控制、机械电气自动控制实验教学体系,设计了虚实结合、兼具基础性、设计性、综合性的多层次实验项目,体现了机电液知识的交叉、协同和有机联系,着力培养学生对复杂机电液工程问题的分析能力和创新设计能力。

　　本书内容主要分为液压传动与控制实验、机械电气自动控制实验两大部分,涉及机电液技术领域的电液比例控制技术、电液数字控制技术、单泵多执行器负载敏感协调联动及节能控制技术、基于 PLC 程序及组态HMI 的机电一体化控制技术、PLC 与数控系统的通信及控制技术、机床数字孪生系统的调试验证等多项先进技术。

　　本书可供高等院校机械类专业本科生和研究生使用,也可作为工程技术人员和高校教师的培训教材。

图书在版编目(CIP)数据

机电液系统测控实验教程/陈远玲等编著. —武汉:华中科技大学出版社,2022.9
ISBN 978-7-5680-8771-1

Ⅰ.①机… Ⅱ.①陈… Ⅲ.①机电系统-液压控制-实验-教材 Ⅳ.①TH137-33

中国版本图书馆 CIP 数据核字(2022)第 195032 号

机电液系统测控实验教程　　　　　　陈远玲　董振　冯喆　麻芳兰　编著
Ji-dian-ye Xitong Cekong Shiyan Jiaocheng

策划编辑:万亚军
责任编辑:罗　雪
封面设计:原色设计
责任监印:周治超
出版发行:华中科技大学出版社(中国·武汉)　　电话:(027)81321913
　　　　　武汉市东湖新技术开发区华工科技园　　邮编:430223
录　　排:武汉市洪山区佳年华文印部
印　　刷:武汉开心印印刷有限公司
开　　本:787mm×1092mm　1/16
印　　张:8.5
字　　数:218 千字
版　　次:2022 年 9 月第 1 版第 1 次印刷
定　　价:39.80 元

国家级实验教学示范中心系列规划教材
普通高等院校机械类"十三五"规划实验教材
编 委 会

丛书主编　吴昌林　华中科技大学

丛书编委（按姓氏拼音顺序排列）

前　言

针对目前"液压传动与控制""机械电气自动控制"等课程实验内容和实验模式落后，理论和实践融合度低，课程之间的知识无法融会贯通，综合性工程训练、创新能力训练不足，学生综合运用机电液控知识进行创新实践的能力弱等问题，作者重构了虚实结合，兼具基础性、设计性、综合性的多层次模块化机电液测控实验项目，融入学科前沿和科技成果转化知识，提高实验内容和实验方法的先进性。

本书分为液压传动与控制、机械电气自动控制两大实验篇章。其中，第一篇为液压传动与控制实验，其中三个验证性实验使用 TC-BFTC 液压实验台，书中给出了详细的实验操作步骤供学生参考。其他设计性、综合性实验使用德国力士乐 WS290 电液综合实验平台，液压油路、控制电路、测试方案均需自行设计、自行搭建，书中没有给出详细的实验方法和实验步骤，只给出简要的实验方案、操作步骤和注意事项供学生参考。学生要提前预习和深入研究分析，并且需全组成员通力合作才能按时完成实验。第二篇机械电气自动控制实验主要为虚拟仿真实验，其中，基于 PLC 编程与 HMI 组态的自动化立体仓库虚拟调试实验、智能装配线虚拟调试实验，需要首先在 TIA 博途中编写 PLC 程序及 HMI 组态，然后下载到虚拟调试 VC 仿真平台来实时仿真验证程序的正确性，并进行虚拟试生产控制；西门子 828D 与 1500PLC 的通信实验、机床数字孪生虚拟调试实验，需要在虚拟调试 VC 仿真平台和机电一体化调试平台完成数字孪生验证、机电概念设计校验、可视化呈现等。实验内容体现了机械、信息、控制、计算机等学科知识的交叉融合，展示了现代制造模式下机电液一体化先进技术的应用，有利于培养学生对复杂机电液工程问题的研究分析能力和创新设计能力。

本书可供高等院校机械类专业本科生和研究生使用，也可作为工程技术人员和高校教师的培训教材。

本书的出版得到了 2018—2020 年度广西本科高校特色专业及实验实训教学基地（中心）建设项目、国家级一流专业——广西大学机械设计制造及其自动化专业建设项目的资助，谨此致谢；在本书编写过程中，研究生班成周、陈承宗、潘越洋、欧阳崇钦、石浩、王梦乔、陈家文等，本科生李廷胜、李心宇、陆润然等参与了文档整理和实验验证等诸多工作，在此深表感谢；同时对本书所引用参考文献的作者也表示衷心感谢！

由于作者水平有限，书中疏漏之处在所难免，恳请广大读者批评指正。

作　者
2022 年 5 月

实验注意事项

1. 为优化实验教学效果，提高学习效率，实验前要认真预习，弄清实验目的、实验原理及实验方法。

2. 进入实验室后，要保持安静，遵守实验室的规章制度，认真听实验老师讲解。在未了解实验装置之前，不得随意启动设备。

3. 实验小组成员间要注意分工协作。液压油路、电气线路连接过程中切勿接通电源和启动液压泵电动机；液压阀块挂接到实验台架以及油管与阀的接头连接后，都要按照实验老师的示范检查其安装和连接的牢固性，实验过程中务必时刻注意安全！

4. 实验前后都要注意检查设备的完好性，完成液压油路、电气线路连接后，须经实验老师检查通过后方可进行实验。

5. 实验过程中，操作时要胆大心细，要认真观察各测试仪器仪表，如实记录实验数据。

6. 学生在实验过程中，发现任何异常现象，应立即关闭电源或报告实验老师，在老师的指导下，分析排除故障后才能重新进行实验。

7. 实验完毕后，各控制调节元件要复位，实验所用的元器件要放回原处，注意元件的保养和实验台的整洁。

8. 离开实验室前，初步整理好实验数据，经实验老师审查同意后方可离开实验室。

目 录

第一篇

液压传动与控制实验

液压传动与控制实验设备简介

一、TC-BFTC 液压实验台简介

TC-BFTC 液压实验台采用定量叶片泵 PVR1-8R-F,排量为 8 mL/r,额定压力为 6.3 MPa;驱动电动机功率为 2.2 kW,转速为 1450 r/min。实验台液压系统原理图如图 0-1 所示,各液压元件已按原理图连接安装在液压台架上,见图 0-2。本实验台主要用于液压泵性能实验、溢流阀静态实验、节流调速回路性能实验,即该液压实验台主要用于实验一至实验三。

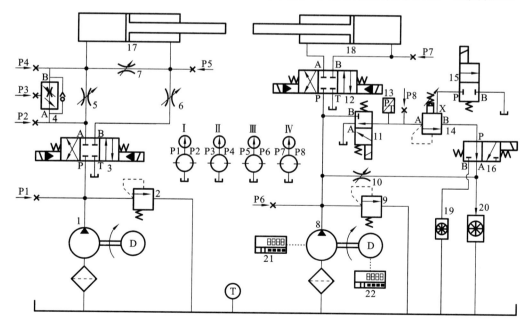

图 0-1 TC-BFTC 液压实验台液压系统原理图

(1) 液压泵 1:油路图(即图 0-1)左半部分的动力源。

(2) 溢流阀 2:用于调节液压泵 1 的输出压力。注意:启动和关闭液压泵 1 之前要确认溢流阀 2 放松。

图 0-2　TC-BFTC 液压实验台外形图

（3）三位四通电磁换向阀 3：用于控制液压缸 17 的换向。

（4）调速阀 4：用于调节进入液压缸 17 无杆腔的流量大小，并且由于它是单向调速阀，因此进油时流量可调节，回油时直接经单向调速阀通过，流量不可调。

（5）节流阀 5：用于调节进入或流出液压缸 17 无杆腔的流量大小。

（6）节流阀 6：用于调节进入或流出液压缸 17 有杆腔的流量大小。

（7）节流阀 7：与液压缸并联安装。当打开节流阀 5 和 6、调小节流阀 7 时，形成旁路节流调速回路。

（8）液压泵 8：油路图右半部分的动力源。

（9）溢流阀 9：用于控制液压泵 8 的输出压力。注意：启动和关闭液压泵 8 之前要确认溢流阀 9 放松。

（10）节流阀 10：在做液压泵的性能测试时起加载作用。

（11）二位三通电磁换向阀 11：得电时，P 和 B 相通，此段油路有进油口，可进行先导溢流阀相关实验。失电时，P 和 A 相通，此段油路无进油，不起作用，A 口连接回油，用于卸掉管路中的压力。

（12）三位四通电磁换向阀 12：控制液压缸 18 活塞杆的运动方向。

（13）压力传感器 13：用于测量此位置实时压力。本实验台把压力信号接至配电箱，以备后续扩展使用。

（14）先导式溢流阀 14：溢流阀性能实验中的被测溢流阀。

（15）二位二通电磁换向阀 15：用于控制溢流阀 14 的远程控制口 X 口与油箱的通断。

（16）二位三通电磁换向阀 16：用于控制回油流经流量计 19 或流量计 20。

（17）液压缸 17：调速用液压缸。

（18）液压缸 18：加载用液压缸。

（19）4 mm 通径流量计 19：测量所经过的流量。

(20) 6 mm 通径流量计 20:测量所经过的流量。

(21) 转速显示仪表 21:显示右侧泵站的电动机转速。

(22) 功率显示仪表 22:显示右侧泵站电动机的功率。

二、WS290 电液综合实验平台简介

WS290 电液综合实验平台全部采用德国博世力士乐标准工业用元器件,性能可靠、安全。它采用模块化结构设计,并使用快速插拔接头和快速插拔安装底板连接,操作简单方便,具有良好的拓展性。其适用实验涵盖:开关控制式液压基础实验,电液比例控制实验,行走机械液压节流控制、LS(负荷传感)控制、LUDV(与负载无关的流量分配控制)控制、静液压转向控制、电液控制阀-集成电控 PLC 可编程远程控制实验,液压系统数字化检测技术实验等。实验四至实验十四可在该电液综合实验平台上完成。

图 0-3 为 WS290 电液综合实验平台主体台架外形图。

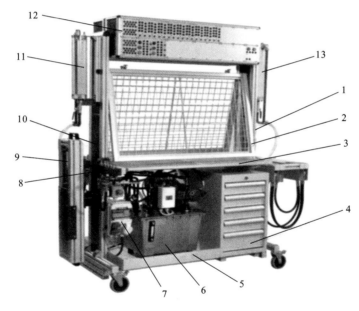

图 0-3　WS290 电液综合实验平台主体台架外形图

1—带可转脚轮的基础框架;2—两个实验网格栅;3—滴油网格板及两侧的书写垫板;4—元件配件箱;5—油盘;
6—带双泵的液压泵站,400 V/50 Hz,2.2 kW;7—配电盒,400 V/50 Hz,带 RCD(剩余电流装置);
8—两个 P/T 分配器;9—一个负载模拟装置(枢轴连接);10—两个电源,24 V;11,13—量筒;12—两个电器模块安装架

台架上集成了以下装置:

(1) 1 个负荷传感双泵站:液压泵为低噪音工业用 LS HY 恒压变量液压双泵(带 2 个封固加印的安全阀),压力 50 bar(1 bar=1×10⁵ Pa),流量 8 L/min;电动机电压 400 V AC,频率 50 Hz,功率 2.2 kW;油箱 40 L。泵站液压油路图见图 0-4。

(2) 2 个三路球阀的 P/T 油路分配器。

(3) 1 个配电盒,包括 2 个急停按钮、1 个编码插座、3 个插座。

(4) 1 个负载模拟器-液压缸。

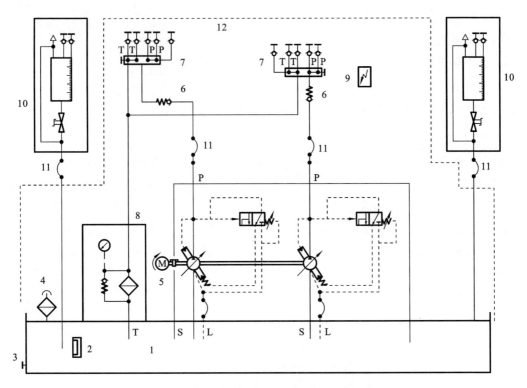

图 0-4 WS290 电液综合实验平台泵站液压油路图

1—油箱;2—油位计和温度计;3—放油旋塞;4—加油和空气滤清器盖;5—带空气运行控制的电控双泵;

6—单向阀;7—P—T 分配器,带小通径的测量接口;8—带污染显示器的回油过滤器;

9—带 ON-OFF 保护点击开关的配电盒;10—量筒;11—液压软管;12—液压泵站总成

（5）2 个量筒。

（6）2 个双层电器模块安装架,上面安装有 1 组"ON-OFF"电气控制单元（见图 0-5）,包括电源、各类触点的继电器、行程开关、压力继电器以及电磁铁电缆和测量导线组;1 组电液比例控制单元,含信号发生器（见图 0-6）、接线板、指令值/实际值信号显示装置（见图 0-7）、指令值编码器（见图 0-8）、比例放大器连接电缆插座等。

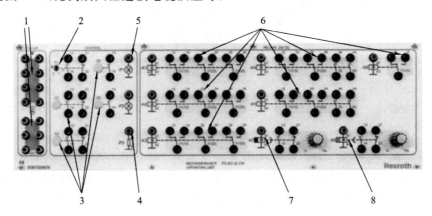

图 0-5 "ON-OFF"电气控制单元面板

1—电源;2—拨动开关;3—触发开关;4—声报警;5—光报警;6—继电器;7—延时闭继电器;8—延时断继电器

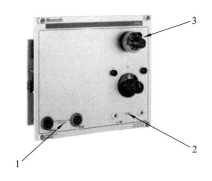

图 0-6　信号发生器面板

1—输入 24 V 直流电；

2—输出 0～±10 V 控制信号；

3—可调节控制信号

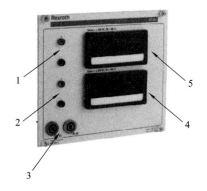

图 0-7　信号显示装置面板

1—输入通道 1 电压信号；2—输入通道 2 电压信号；

3—输入 24 V 直流电；4—显示通道 2 电压值；

5—显示通道 1 电压值

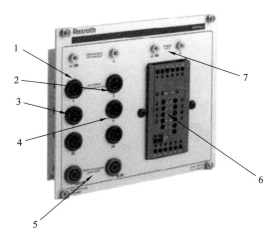

图 0-8　指令值编码器面板

1—输入高电位及＋24 V 调用信号 1；2—输入高电位及＋24 V 调用信号 2；3—输入高电位及＋24 V 调用信号 3；

4—输入高电位及＋24 V 调用信号 4；5—输入 24 V 直流电；6—可分别调节调用信号的大小及斜坡；

7—输出 0～±10 V 信号

WS290 电液综合实验平台除了主体台架及集成的电液元件外，还包含以下主要组件：

（1）标准的电气液压成套组件，包括 6 mm 通径的各种常规的液压方向控制阀、压力控制阀、流量控制阀，还有 2 个液压缸、2 个液压马达、1 个蓄能器单元和若干液压分流器、带快速接头的软管等。

（2）比例控制技术元件套件，含 1 个三位四通比例换向阀（带集成电子板和负载模拟器）、1 个比例溢流阀。

（3）行走机械液压套件-节流调速控制多路阀套件。

（4）行走机械液压套件-LS 负荷传感控制多路阀套件。

（5）行走机械液压套件-LUDV 负载独立流量分配控制多路阀套件。

（6）行走机械液压套件-静液压转向系统，每套包括转向组件和方向盘、优先阀（用于闭芯负荷传感回路）、阿克曼转向功能模块、铰接式转向功能模块。

（7）带操纵杆的 4TH 液压先导控制块。

（8）行走液压-负荷传感-可编程远程控制装置。

（9）基础测量装置套件，含可视转速计、数字压力计、数字秒表、压力表、秒表。

（10）计算机测量装置套件，含电源单元以及测量连接件，包括 2 个 200 bar 压力传感器、1 个齿轮流量计(0.2~30 L/min)、完整版测量软件。

以上丰富的平台组件为各类电液系统的实验设计提供了多种选择。因此，除了本书给出的设计案例，同学们还可以自主设计，完成多种设计性、综合性电液测控实验。

实验一　液压泵的性能实验

■ 一、实验目的 ■

（1）了解典型液压泵的基本构造。

（2）了解液压泵的主要性能，求出 Q-P 曲线及 η_V-P 曲线。

（3）掌握液压泵的性能测试方法及测试技术。

■ 二、实验装置 ■

◇ TC-BFTC 液压性能测试实验台。

◇ 压力表、流量计等。

■ 三、实验内容 ■

（一）液压泵的构造

观察液压泵的实物，了解液压泵的构造，理解液压泵的工作原理。

（二）液压泵的性能

液压泵的主要性能包括额定工作压力、额定流量、容积效率、总效率、压力波动值、噪声、寿命、温升、振动等项，而其中最重要的是额定工作压力、额定流量和容积效率，因此，液压泵的性能测试主要也是测试这三项。

1. 液压泵的流量-压力性能

测量液压泵在不同工作压力（P）下的实际输出流量（Q），绘出 Q-P 曲线。

液压泵由于泄漏而使输出流量减少，随着压力的升高和油液黏度的降低，输出流量也会变化，因此求出液压泵的 Q-P 曲线对了解其性能很重要。

本实验采用节流阀加载，通过调节节流阀通流面积的大小来改变液压泵的出口阻力（负载）。

在节流阀不同开口情况下测出液压泵出口压力及其流量，即可画出 Q-P 曲线。

2. 液压泵的容积效率 η_V

$$容积效率\ \eta_V = \frac{实际流量\ Q_{实}}{理论流量\ Q_{理}}$$

实际流量 $Q_{实}$：在不同工作压力和液压泵不同转速下测出的液压泵流量。本实验中液压泵额定工作压力由节流阀调节，流量使用 6 mm 通径涡轮流量传感器测出。

理论流量 $Q_{理}$：$Q_{理}=nV/1000$。其中 n 为空载转速，通过面板上的仪表测出；V 为液压泵的排量，定量叶片液压泵的排量为 8 mL/r。

3. 液压泵的总效率-压力特性

测定在不同工作压力下，液压泵的总效率和工作压力之间的变化关系：

$$\eta_{总}=\frac{N_{o}}{N_{i}}=\frac{pQ_{实}}{N_{i}60}=f_{\eta}(p)，\quad N_{o}=\frac{pQ_{实}}{60}$$

式中：N_{o} 为液压泵的输出功率；p 为压力表 P6 的压力；$Q_{实}$ 为液压泵在不同工作压力下的实际流量，由流量计读出；N_{i} 为液压泵的输入功率。实际上 N_{i} 为液压泵的输入扭矩 T 与角速度 ω 的乘积，但由于扭矩 T 不易测量，因此本实验通过电动机的输入功率 $N_{表}$ 近似求出。输入功率 $N_{表}$ 可以从实验台上的功率表中直接读出，再根据该电动机的效率曲线（见图 1-1），查出功率为 $N_{表}$ 时的电动机效率 $\eta_{电}$，则不同工作压力下液压泵的输入功率 $N_{i}=N_{表}\,\eta_{电}$。

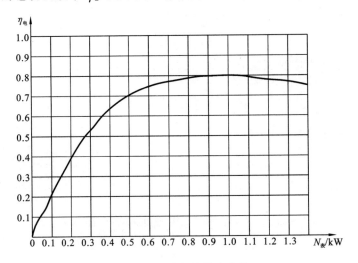

图 1-1　电动机的效率曲线

▮四、实验原理图▮

液压泵的性能实验原理图如图 1-2 所示。

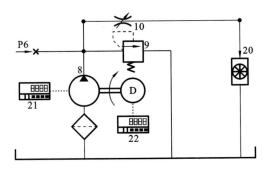

图 1-2　液压泵的性能实验原理图

8—液压泵（被测泵）；9—溢流阀；10—节流阀；20—大流量计；21—转速表；22—功率表

五、实验步骤

如图 1-2 所示,此次实验由 8、9、10、20 组成一个回路。实验开始前确认实验台上各电磁换向阀处于断电状态,并将节流阀 10 关闭,将溢流阀 9 完全打开,确认压力表开关调至 P6,然后启动液压泵 8,调节溢流阀 9 使压力表 P6 读数达到 7 MPa,然后完全打开节流阀 10,记录此时的流量,即为空载流量 $Q_空$。

分级调节节流阀 10 的开度,对液压泵进行加载,测出不同负载压力下的相关数据,包括:液压泵的工作压力 p,液压泵的输出流量 Q,液压泵的输入功率 N_i,液压泵的输入转速 n。

工作压力 p:通过压力表 P6 读出。

输出流量 Q:通过面板流量二次仪表读出。

输出功率 N_i:通过面板上的功率表读出。

转速 n:通过台面上的转速表读出。

六、实验数据记录

记录不同压力下的实验数据,并计算泵的相应效率。

表 1-1 不同压力下的实验数据记录表

	安全阀调压值	MPa	7						
实验得出参数	空载流量 $Q_空$	L/min							
	工作压力 p	MPa							
	功率表读数 $N_表$	kW							
	电动机效率	%							
	液压泵的转速 n	r/min							
	输出流量 Q	L/min							
计算参数	液压泵输入功率 N_i	kW							
	液压泵输出功率 N_o	kW							
	容积效率 η_V	%							
	总效率 $\eta_总$	%							

七、实验报告

(一)实验目的

(二)实验原理图

（三）实验数据记录及处理

（四）绘制特性曲线

绘制液压泵工作特性曲线，即流量-压力（Q-P）曲线、容积效率曲线、总效率曲线。

（五）思考题

（1）液压泵的工作压力能否大于额定压力？为什么？

（2）从液压泵的效率曲线中得到什么启发？（从液压泵的合理使用方面考虑。）

（3）在液压泵性能实验液压系统中，溢流阀 9 起什么作用？

（4）节流阀 10 为何能对被试液压泵进行加载？

实验二　溢流阀的性能测试实验

一、实验目的

（1）了解溢流阀的主要性能（静态）和技术指标。

（2）了解溢流阀在液压系统中的作用，加深对溢流阀和二位二通电磁换向阀组成的卸荷回路工作原理的理解。

（3）掌握溢流阀静态特性的一般测试方法，测出先导式溢流阀的启闭特性、压力稳定性、调压范围及卸荷压力等主要静态特性。

二、实验装置

◇ TC-BFTC 型液压性能测试实验台　　　　　　1 台
◇ 溢流阀 9　　　　　　　　　　　　　　　　1 只
◇ 二位三通电磁换向阀 11　　　　　　　　　　1 只
◇ 先导式溢流阀 14　　　　　　　　　　　　　1 只
◇ 二位三通电磁换向阀 16　　　　　　　　　　1 只
◇ 二位二通电磁换向阀 15　　　　　　　　　　1 只
◇ 压力表Ⅲ和Ⅳ　　　　　　　　　　　　　　2 只
◇ 流量传感器　　　　　　　　　　　　　　　2 个

三、实验内容

1. 启闭特性

启闭特性是指在调压弹簧调整好以后，在溢流阀阀芯开启过程及闭合过程中压力和流量之间的关系。

开启压力：把被试阀的压力调至一定值，系统流量为该阀额定流量。调节系统压力使其从低逐渐升高，当通过被试阀的溢流量为其额定流量的 1％时，系统压力值称为被试阀的开启压力。

闭合压力：把被试阀的压力调至一定值，系统供油量为其额定流量。调节系统压力使其逐渐下降，当通过被试阀的溢流量为其额定流量的 1％时，系统压力值称为被试阀的闭合压力。

2. 调压范围及调压稳定性

调压范围给定了溢流阀使用的压力范围。在某个调定压力下长期工作时，它的压力会发生变化,希望调压范围较宽,而压力波动越小越好。

　3. 卸荷压力

　先导式溢流阀在远程控制下卸荷,通过额定流量时引起的压力损失,称为卸荷压力。

四、实验原理图

溢流阀静动态性能测试液压原理图见图 2-1。

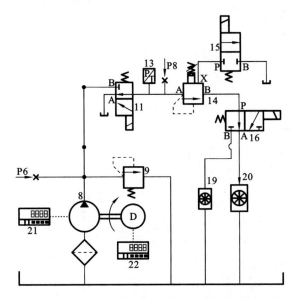

图 2-1　溢流阀静动态性能测试液压原理图

8—液压泵;9—溢流阀;11—二位三通电磁换向阀;13—压力传感器;14—先导式溢流阀;
15—二位二通电磁换向阀;16—二位三通电磁换向阀;19—小流量计;20—大流量计

五、实验步骤

　(1)首先全松溢流阀 9 和被试溢流阀 14,检查节流阀 10 应处于关闭状态,三位四通电磁换向阀 12 应处于中位,压力表Ⅲ调至 P6,压力表Ⅳ调至 P8。

　(2)启动液压泵 8 的电动机,待运转正常后,使二位三通电磁换向阀 11 电磁铁通电,关闭溢流阀 9,调节被试溢流阀 14,使 P8 达到 6.3 MPa,并从大流量计 20 上读取一分钟流量,应等于阀 14 的额定流量。

　(3)测量开启特性。

　溢流阀 9 由全松到关闭,然后按 5.6 MPa、5.8 MPa、6.0 MPa、6.2 MPa、6.3 MPa 逐级升压,并用流量计测流量。开始流量小于 4 L/min 时,给二位三通电磁换向阀 16 通电,回油通道切换至小流量计 19,用小流量计测量流量;当流量大于 4 L/min 时,将二位三通电磁换向阀断电,回油通道切换至大流量计 20,用大流量计测量流量。将对应的压力和流量记入表格。

（4）测量闭合特性。

溢流阀 9 由关闭状态至慢慢松开，然后使 P8 由 6.3 MPa 开始按 6.2 MPa、6.0 MPa、5.8 MPa、5.6 MPa 逐渐降压，并用流量计测流量。开始流量大于 4 L/min 时，用大流量计测量流量；当流量小于 4 L/min 时，打开二位三通电磁换向阀 16，用小流量计测量流量。将对应的压力和流量记入表格。

（5）测量调压范围及调压稳定性。

将二位三通电磁换向阀 16 断电，调节溢流阀 9 使 P6 读数为 7.0 MPa；二位三通电磁换向阀 16 通电，完全松开被试溢流阀 14 的调压手柄，测定其所控制的最低压力。然后逐级旋紧手柄直至 P8 读数为 6.3 MPa，确定其调压范围，同时观察各级压力下的调压稳定性。

（6）测量卸荷压力。

将被测溢流阀 14 调至调压范围最高值 6.3 MPa，通过该阀的溢流量为试验流量，将二位二通电磁换向阀 15 通电，被测溢流阀 14 的远程控制口接油箱，用压力表 P8 测量卸荷压力值。

（7）实验结束。

使各换向阀的电磁铁断电，放松压力阀，关闭液压泵电动机，结束实验。

六、实验数据记录

表 2-1　溢流阀性能测试数据记录表

实验条件：被试阀　　　　　　；油温　　　　　　℃

项目		数据　　　序号	1	2	3	4	5	6	7	8
调压范围($\times 10^5$ Pa)										
压力稳定性		压力振摆($\times 10^5$ Pa)								
		压力偏移($\times 10^5$ Pa)								
卸荷压力($\times 10^5$ Pa)										
压力损失($\times 10^5$ Pa)										
启闭特性	开启过程	压力($\times 10^5$ Pa)								
		溢流量 Q/(L/min)								
	闭合过程	压力($\times 10^5$ Pa)								
		溢流量 Q/(L/min)								
结果			开启压力 _____ $\times 10^5$ Pa 闭合压力 _____ $\times 10^5$ Pa							

七、实验报告

（一）实验目的

（二）实验原理图

（三）实验数据记录及处理

（四）绘制溢流阀的启闭特性曲线

（五）思考题

（1）溢流阀静态实验技术指标中，为何规定开启压力大于闭合压力？

（2）溢流阀的启闭特性有何意义？启闭特性的好坏对使用性能有何影响？（如调压范围、稳压能力、系统的压力波动等方面。）

实验三　节流调速回路性能实验

一、实验目的

（1）了解典型流量控制阀（节流阀、调速阀）的工作原理和应用。

（2）掌握进口、回油和旁路节流调速回路的速度-负载特性的实验方法。

二、实验装置

◇ TC-BFTC 型液压性能测试实验台　　　　　　1 台

◇ 溢流阀　　　　　　　　　　　　　　　　2 只

◇ 节流阀　　　　　　　　　　　　　　　　3 只

◇ 调速阀　　　　　　　　　　　　　　　　1 只

◇ 压力表　　　　　　　　　　　　　　　　3 只

◇ 三位四通电磁换向阀"O"型　　　　　　　2 只

◇ 液压油缸　　　　　　　　　　　　　　　2 个

◇ 加载棒　　　　　　　　　　　　　　　　1 个

◇ 时间仪表　　　　　　　　　　　　　　　1 个

三、实验内容

（一）流量控制阀的构造

观察节流阀、调速阀的实物及原理图，了解阀的构造，理解阀的工作原理。

（二）调速回路的性能

（1）根据实验目的，拟定节流阀安装在进口油路上时，分别调节液压缸的速度及负载的大小，并测量之。列表画出速度-负载曲线（v-F 曲线）。

（2）拟定节流阀安装在回油油路上时，分别调节液压缸的速度及负载的大小，并测量之。列表画出速度-负载曲线（v-F 曲线）。

（3）拟定调速阀安装在进口油路上时，分别调节液压缸的速度及负载的大小，并测量之。列表画出速度-负载曲线（v-F 曲线）。

其中 F 为右缸即加载缸的压力 F_L，v 是左缸即工作液压缸在不同流量下的运动速度。

■四、实验原理图■

图 3-1 左侧液压油路为节流调速回路,右侧的油路为加载回路。可通过加载棒将两个液压油缸的活塞杆固定在一起。

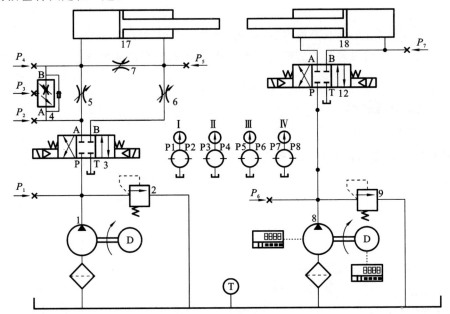

图 3-1   节流阀、调速阀调速性能液压原理图

1,8—液压泵;2,9—溢流阀;3,12—三位四通电磁换向阀;4—调速阀;5,6,7—节流阀;17,18—液压缸

在加载回路中,当压力油进入加载液压缸 18 右腔时,由于加载液压缸活塞杆与调速回路液压缸 17(以后简称工作液压缸)的活塞杆将处于同心位置直接对顶,而且它们的缸筒都固定在工作台上,因此工作液压缸的活塞杆受到一个向左的作用力(负载 F_L),调节溢流阀 2 可以改变 F_L 的大小。

在节流调速回路中,工作液压缸 17 的活塞杆的工作速度 v 与节流阀的通流面积 a(通过旋转节流阀手柄来改变面积,顺时针旋转变小,逆时针旋转变大)、溢流阀调定压力 P_1(泵 1 的供油压力)及负载 F_L 有关。而在一次工作过程中,a 和 P_1 都预先调定不再变化,此时活塞杆运动速度 v 只与负载 F_L 有关。v 与 F_L 之间的关系,称为节流调速回路的速度-负载特性。a 和 P_1 确定之后,改变负载 F_L 的大小,同时测出相应的工作液压缸活塞杆速度 v,就可测得调速回路的速度-负载特性曲线。

■五、实验步骤■

1. 节流阀进口节流调速

1)测试前调整

调速回路:将节流阀 7 和调速阀 4 完全关闭,将节流阀 5、6 和溢流阀 2 完全打开,启动液压泵 1,慢慢拧紧溢流阀 2,使回路中的压力 $P_1=1\sim2$ MPa,通过控制面板控制三位四通电磁换向阀 3,使工作液压缸 17 的活塞往复运动几次,检查回路工作是否正常,并排除空气。最后将工作液压缸 17 的活塞杆调至完全缩回状态。

加载回路:将溢流阀 9 完全松开,启动液压泵 8,慢慢拧紧溢流阀 9,使回路中的压力 $P_6=1\sim2$ MPa,通过控制面板控制三位四通电磁换向阀 12,使加载液压缸 18 的活塞往复运动几次,检查回路工作是否正常,并排除空气;最后使加载液压缸 18 的活塞杆处于完全伸出状态,并使三位四通电磁换向阀 12 保持在左位,松开溢流阀 9。

用加载棒将液压缸 17、18 的活塞杆固定在一起。

2)测试节流阀 5

调节溢流阀 2 使液压泵的出口压力为 $P_1=4$ MPa。

调节节流阀 5 使其处于大开口度。逐次用溢流阀 9 调节加载液压缸 18 的工作压力 P_7,分别测出不同负载下工作液压缸 17 的活塞运动速度 v,负载应加到工作液压缸不运动为止。由于面板有计时器,且缸的行程 L 为 200 mm,使用计时器读取运行时间 t,运行速度通过下面的公式求得:

$$v=\frac{L}{t}\ (\text{mm/s})$$

负载 $F_L=P_7\times A_1$,其中 P_7 为负载液压缸 18 的工作腔压力,A_1 为负载液压缸无杆腔的有效面积。

将上述所测数据记入实验数据记录表格。

调节节流阀 5 使其处于适中开口度。重复上述操作,将数据记入表格。

调节节流阀 5 使其处于小开口度。重复上述操作,将数据记入表格。

2. 节流阀回油节流调速

1)测试前调整

调速回路:将节流阀 7 和调速阀 4 完全关闭,将节流阀 5、6 和溢流阀 2 完全打开,启动液压泵 1,慢慢拧紧溢流阀 2,使回路中的压力 $P_1=1\sim2$ MPa,通过控制面板控制三位四通电磁换向阀 3,使工作液压缸 17 的活塞往复运动几次,检查回路工作是否正常,并排除空气。最后将工作液压缸 17 的活塞杆调至完全缩回状态。

加载回路:将溢流阀 9 完全松开,启动液压泵 8,慢慢拧紧溢流阀 9,使回路中的压力 $P_6=1\sim2$ MPa,通过控制面板控制三位四通电磁换向阀 12,使加载液压缸 18 的活塞往复运动几次,检查回路工作是否正常,并排除空气;最后使加载液压缸 18 的活塞杆处于完全伸出状态,并使三位四通电磁换向阀 12 保持在左位,松开溢流阀 9。

用加载棒将液压缸 17、18 的活塞杆固定在一起。

2)测试节流阀 6

调节溢流阀 2 使液压泵的出口压力为 $P_1=4$ MPa。

调节节流阀 6 使其处于大开口度。逐次用溢流阀 9 调节加载液压缸 18 的工作压力 P_7,分别测出不同负载下工作液压缸 17 的活塞运动速度 v,负载应加到工作液压缸不运动为止。由于面板有计时器,且缸的行程 L 为 200 mm,使用计时器读取运行时间 t,运行速度通过下面的公式求得:

$$v = \frac{L}{t} \ (\text{mm/s})$$

负载 $F_L = P_7 \times A_1$,式中 P_7 为负载液压缸 18 的工作腔压力,A_1 为负载液压缸无杆腔的有效面积。

将上述所测数据记入实验数据记录表格。

调节节流阀 6 使其处于适中开口度。重复上述操作,将数据记入表格。

调节节流阀 6 使其处于小开口度。重复上述操作,将数据记入表格。

3. 节流阀旁路节流调速

1) 测试前调整

调速回路:将节流阀 7 和调速阀 4 完全关闭,将节流阀 5、6 和溢流阀 2 完全打开,启动液压泵 1,慢慢拧紧溢流阀 2,使回路中的压力 $P_1 = 1 \sim 2$ MPa,通过控制面板控制三位四通电磁换向阀 3,使工作液压缸 17 的活塞往复运动几次,检查回路工作是否正常,并排除空气。最后将工作液压缸 17 的活塞杆调至完全缩回状态。

加载回路:将溢流阀 9 完全松开,启动液压泵 8,慢慢拧紧溢流阀 9,使回路中的压力 $P_6 = 1 \sim 2$ MPa,通过控制面板控制三位四通电磁换向阀 12,使加载液压缸 18 的活塞往复运动几次,检查回路工作是否正常,并排除空气;最后使加载液压缸 18 的活塞杆处于完全伸出状态,并使三位四通电磁换向阀 12 保持在左位,松开溢流阀 9。

用加载棒将液压缸 17、18 的活塞杆固定在一起。

2) 测试节流阀 7

调节溢流阀 2 使液压泵的出口压力为 $P_1 = 4$ MPa。

调节节流阀 7 使其处于适中开口度。逐次用溢流阀 9 调节加载液压缸 18 的工作压力 P_7,分别测出不同负载下工作液压缸 17 的活塞运动速度 v,负载应加到工作液压缸不运动为止。由于面板有计时器,且缸的行程 L 为 200 mm,使用计时器读取运行时间 t,运行速度通过下面的公式求得:

$$v = \frac{L}{t} \ (\text{mm/s})$$

负载 $F_L = P_7 \times A_1$,式中 P_7 为负载液压缸 18 的工作腔压力,A_1 为负载液压缸无杆腔的有效面积。

将上述所测数据记入实验数据记录表格。

4. 调速阀进口调速实验

1) 测试前调整

调速回路:将节流阀 7 和调速阀 4 完全关闭,将节流阀 5、6 和溢流阀 2 完全打开,启动液压泵 1,慢慢拧紧溢流阀 2,使回路中的压力 $P_1 = 1 \sim 2$ MPa,通过控制面板控制三位四通电磁换向阀 3,使工作液压缸 17 的活塞往复运动几次,检查回路工作是否正常,并排除空气。最后将工作液压缸 17 的活塞杆调至完全缩回状态。

加载回路:将溢流阀 9 完全松开,启动液压泵 8,慢慢拧紧溢流阀 9,使回路中的压力 $P_6 = 1 \sim 2$ MPa,通过控制面板控制三位四通电磁换向阀 12,使加载液压缸 18 的活塞往复运动几次,检查回路工作是否正常,并排除空气;最后使加载液压缸 18 的活塞杆处于完全伸出状态,并使三位四通电磁换向阀 12 保持在左位,松开溢流阀 9。

用加载棒将液压缸 17、18 的活塞杆固定在一起。

2) 测试调速阀 4

调节溢流阀 2 使液压泵的出口压力为 $P_1=4$ MPa。

调节调速阀 4 使其处于大开口度。逐次用溢流阀 9 调节加载液压缸 18 的工作压力 P_7,分别测出不同负载下工作液压缸 17 的活塞运动速度 v,负载应加到工作液压缸不运动为止。由于面板有计时器,且缸的行程 L 为 200 mm,使用计时器读取运行时间 t,运行速度通过下面的公式求得:

$$v = \frac{L}{t} \ (\text{mm/s})$$

负载 $F_L = P_7 \times A_1$,式中 P_7 为负载液压缸 18 的工作腔压力,A_1 为负载液压缸无杆腔的有效面积。

将上述所测数据记入实验数据记录表格。

调节调速阀 4 使其处于适中开口度。重复上述操作,将数据记入表格。

调节调速阀 4 使其处于小开口度。重复上述操作,将数据记入表格。

实验结束后,松掉两个泵的溢流阀,将压力降至最低,关掉泵,清理实验台和元件,然后将各元器件放回原处。

六、实验数据记录

表 3-1　节流阀进油路节流调速回路数据记录及数据处理

确定参数		测 算 内 容							
泵 1 供油压力 P_1	通流面积 /mm²	次数	负载缸工作压力 P_7（×10⁵ Pa）	负载 $F_L = P_7 \times A_1$/N	工作缸活塞行程 L/mm	时间 t/s	工作缸活塞速度 $v = L/t$ /(mm/s)	P_2	P_4	P_5
								（×10⁵ Pa）		

表 3-2　节流阀回油路节流调速回路数据记录及数据处理

确定参数		测算内容								
泵 1 供油压力 P_1	通流面积 /mm²	次数	负载缸工作压力 P_7 (×10⁵ Pa)	负载 $F_L = P_7 \times A_1$ /N	工作缸活塞行程 L /mm	时间 t /s	工作缸活塞速度 $v = L/t$ /(mm/s)	P_2	P_4	P_5
								(×10⁵ Pa)		

表 3-3　节流阀旁路节流调速回路数据记录及数据处理

确定参数		次数	测算内容							
泵 1 供油压力 P_1	通流面积 /mm²		负载缸工作压力 $P_7(\times 10^5 \text{ Pa})$	负载 $F_L = P_7 \times A_1/\text{N}$	工作缸活塞行程 L/mm	时间 t/s	工作缸活塞速度 $v = L/t$ /(mm/s)	P_2	P_4	P_5
									($\times 10^5$ Pa)	

表 3-4　调速阀进油路节流调速回路数据记录及数据处理

确定参数			测 算 内 容							
泵 1 供油 压力 P_1	通流 面积 mm²	次数	负载缸 工作压力 $P_7 (\times 10^5\ \mathrm{Pa})$	负载 $F_L = P_7 \times A_1 / \mathrm{N}$	工作缸 活塞行程 L/mm	时间 t/s	工作缸 活塞速度 $v = L/t$ $/(\mathrm{mm/s})$	P_2	P_4	P_5
								($\times 10^5\ \mathrm{Pa}$)		

七、实验报告

（一）实验目的

（二）实验原理图

（三）实验数据记录及处理

（四）绘制出各类调速回路的速度-负载曲线，即 $v\text{-}F$ 曲线

（五）思考题

（1）采用节流阀的进油路节流调速回路，当节流阀的通流面积变化时，它的速度负载特性如何变化？

（2）在进、回路节流调速回路中，采用单活塞杆液压缸时，若使用的元件规格相同，则哪种回路能使液压缸获得更低的稳定速度？如果获得的稳定速度相同，那么哪种回路的节流元件通流面积较大？

（3）采用调速阀的进油路节流调速回路，为什么速度负载特性变硬（速度刚度变大）？而在最后，速度却下降得很快？

（4）比较采用节流阀进、旁油路节流调速回路的速度负载特性哪个较硬。为什么？

（5）分析并观察各种节流调速回路液压泵出口压力的变化规律，指出哪种调速情况下功率较大，哪种更经济。

（6）各种节流调速回路中液压缸最大承载能力取决于什么参数？

实验四　电磁阀换向控制回路实验

▮ 一、实验目的 ▮

深入理解电磁换向阀的工作原理和控制方法,掌握电磁阀换向控制回路实验的设计方法,同时加深对电气控制工作原理的理解和应用。

▮ 二、实验装置 ▮

◇ WS290 电液综合实验平台主体台架。
◇ 液压缸 1 个,三位四通电磁换向阀 1 只,溢流阀 1 只,压力表 2 只,分流器、软管若干。

▮ 三、实验内容 ▮

设计一个三位四通电磁换向阀换向的液压回路,同时设计电气控制电路,设计合理的实验操作步骤,实现对液压缸的运动方向控制。正确记录实验数据,并对实验结果进行讨论分析,给出结论。

▮ 四、实验原理图 ▮

1. 液压系统原理图(参考)

参考油路图如图 4-1 所示。当三位四通电磁换向阀处于中位时,活塞不会运动。当电磁线圈 Y1.a 接收到控制信号时,电磁换向阀将处于左位,活塞将缩回,且压力表 M2 所测压力值应该与系统压力相同,压力表 M3 所测压力值应为 0;当电磁线圈 Y1.b 接收到控制信号时,电磁换向阀将处于右位,活塞将伸出,压力表 M3 所测压力值应该与系统压力相同,压力表 M2 所测压力值应为 0。

2. 控制电路原理图(参考)

参考电路图如图 4-2 所示,其中包含了自锁电路和互锁电路。当按下 S2 按钮时,继电器 K1 通电,此时 K1 的常开触点将闭合完成自锁且线圈 Y1.a 通电,常闭触点将打开,完成对继电器 K2 的互锁。而当按下 S3 按钮时,继电器 K2 通电,此时 K2 的常开触点将闭合完成自锁且线圈 Y1.b 通电,常闭触点将打开,完成对继电器 K1 的互锁。拨动 S1 按钮,使 S1 触点打开,可以消除电路的自锁与互锁;再次拨动 S1,使 S1 触点闭合,电路恢复常态且无电流通过。

3. 接线图(参考)

实验台上电液系统接线图如图 4-3 所示。

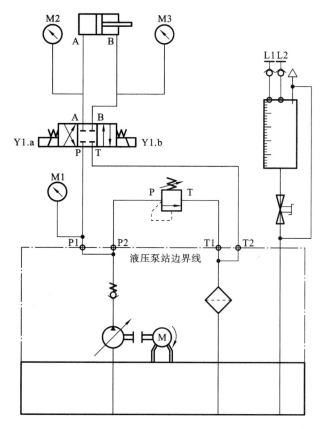

图 4-1 电磁换向回路油路图(参考)

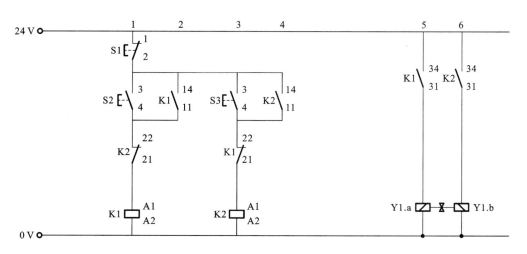

图 4-2 电磁换向回路电路图(参考)

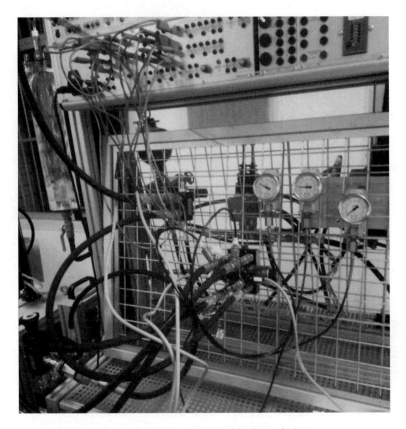

图 4-3　实验台上电液系统接线图(参考)

■五、实验步骤■

（1）根据液压油路图完成油路的搭建,逐个检查并确保每个液压件在台架上安装稳固,确保液压件和油管连接牢固。

（2）根据电路图完成电气控制部分的接线,并仔细检查电气控制部分的接线是否正确。

（3）检查溢流阀确保调压弹簧是松开的,然后可以接通电源,启动液压泵,检查控制装置有无泄漏。此时任何一只压力表上的读数应当为 0。

（4）通过溢流阀设定系统压力为 30 bar。

（5）按下按钮 S3,使三位四通电磁换向阀的电磁线圈 Y1.b 通电,此时活塞杆伸出,记录三只压力表的读数。

（6）按下按钮 S2,液压缸活塞杆缩回,并记录此时三只压力表的读数。

（7）完成操作后,松开溢流阀调压弹簧至压力表读数为 0,卸压 1 min 后才可以关闭电源。

（8）将所有液压件、测试设备、油管、电线等移动件整齐放回原处,保持实验台面整洁。

六、实验数据记录

表 4-1　电磁换向回路油路压力表读数

液压缸的位置	电磁换向阀的位置	M1, p/bar	M2, p/bar	M3, p/bar
活塞杆已伸出	b			
活塞杆已缩回	a			

七、实验报告

（一）实验目的

（二）实验原理图

（三）实验数据记录及处理

分析实验结果,绘制特性曲线,给出合理结论。

（四）思考题

(1) 溢流阀调定压力的依据是什么?

(2) 可否将液压缸换成液压马达?

(3) 按钮 S1 的作用是什么?

(4) 为何要用自锁电路和互锁电路?

(5) 如果将换向阀 A、B 口的原油管交换连接,电气控制电路不变,液压缸将如何动作?

实验五　液压马达单向调速回路控制实验

▇ 一、实验目的 ▇

　　理解单向调速阀和溢流阀的工作原理、工作特点和应用,灵活设计液压马达开、停及换向的控制电路,掌握调速回路的测试分析方法。

▇ 二、实验装置 ▇

　　◇ WS290 电液综合实验平台主体台架。
　　◇ 三位四通电磁换向阀 1 只,溢流阀 2 只,单向调速阀 1 只,液压马达 1 只,激光测速仪 1只,压力表 4 只,分流器、软管若干。

▇ 三、实验内容 ▇

　　设计一个三位四通电磁换向阀＋单向调速阀＋定量马达的液压调速回路,同时设计 PLC控制电路,设计合理的实验操作步骤,实现对液压马达的开、停换向和转速的控制。正确记录实验数据,并对实验结果进行讨论分析,给出结论。

▇ 四、实验原理图 ▇

　　1. 液压系统原理图(参考)
　　实验参考油路图如图 5-1 所示,使用单向调速阀控制正向进入液压马达的流量来控制其转速,而反向转动时由于单向调速阀的作用,通过液压马达的流量不受控制,转速加快。改变液压马达回油背压的同时可以验证单向调速阀的工作特点,即使负载压力变化,通过单向调速阀的流量也保持不变,则液压马达的速度就可以保持不变。由三位四通电磁换向阀控制液压马达的转向,单向调速阀控制液压回路中的流量,当 Y1. b 线圈通电时,电磁换向阀处于 b 阀位,油路正向流通,此时通过调节单向调速阀的刻度位控制通过的流量大小,定量马达的转速会随着流量的改变而改变。当 Y1. a 线圈通电时,电磁换向阀处于 a 阀位,油路反向流通,此时,由于单向调速阀的原因,流量将不会随着单向调速阀开口大小的改变而改变,马达转速稳定不变。即当 Y1. a 线圈通电时,液压回路的速度不会随着单向调速阀开口大小的改变而改变。在马达回油路中,溢流阀作为加载阀,可以通过压力调节来改变液压马达的负载压力,从而验证在变化的负载压力下,单向调速阀控制的流量也不会发生改变。

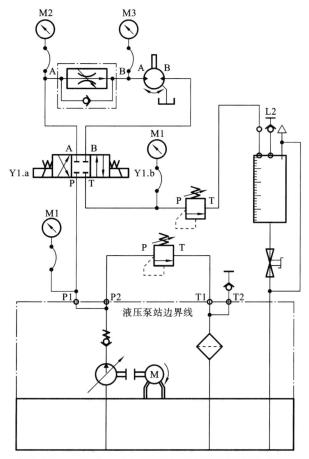

图 5-1 液压马达单向调速回路控制油路图(参考)

该回路的电气控制方式与电磁换向控制实验的电气控制方式相同,其作用都是通过电气控制,改变三位四通电磁换向阀的工作位置,从而改变液压油路的方向。但本实验与单向调速阀的调速控制相结合,改变油路的方向时,定量马达的转速也会随之发生改变。

2. 控制电路原理图(参考)

参考电路图如 5-2 所示,由自锁电路和互锁电路组合而成。当按下 S2 按钮时,继电器 K1

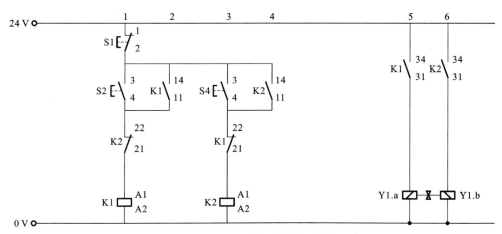

图 5-2 液压马达单向调速回路控制电路图(参考)

通电,此时 K1 的常开触点将闭合完成自锁且线圈 Y1.a 通电,常闭触点将打开,完成对继电器 K2 的互锁。而当按下 S3 按钮时,继电器 K2 通电,此时 K2 的常开触点将闭合完成自锁且线圈 Y1.b 通电,常闭触点将打开,完成对继电器 K1 的互锁。拨动 S1 按钮,使 S1 触点打开,可以消除电路的自锁与互锁;再次拨动 S1,使 S1 触点闭合,电路恢复常态且无电流通过。

3. 接线图(参考)

实验台上电液系统接线图如图 5-3 所示。

图 5-3　实验台上电液系统接线图(参考)

▎▎▎▎五、实验步骤▎▎▎▎

(1) 根据液压油路图完成油路的搭建,逐个检查并确保每个液压件在台架上安装稳固,确保液压件和油管连接牢固。

(2) 根据电路图完成电气控制部分的接线,并仔细检查电气控制部分的接线是否正确。

(3) 检查溢流阀,确保调压弹簧是松开的,然后可以接通电源,启动液压泵,并检查控制装置有无泄漏。此时任何一只压力表上的读数都应当为 0。

(4) 调整溢流阀,将系统压力设为 45 bar,将单向调速阀旋到刻度位 2。在溢流阀上,将回油路的负载压力调为 10 bar(压力表 M4)。

(5) 按下按钮 S3;此时电磁线圈 Y1.b 通电,电磁换向阀处于右位,油路正向流动,液压马达顺时针旋转;通过量筒或流量计测定并记录流过定量马达的流量随时间变化的数值。

(6) 按下按钮 S2;此时电磁线圈 Y1.a 通电,电磁换向阀处于左位,油路反向流动,液压马达逆时针旋转,转速明显加快。此时液压回路中流过定量马达的流量发生改变,液压马达的转速也发生改变。测量液压马达的流量、转速并记录。

（7）在系统压力为 45 bar 时,将单向调速阀旋到刻度位 2,改变负载压力分别为 20 bar 和 30 bar,并记录流量及压力数据。

（8）将单向调速阀旋钮分别旋到刻度位 3 和刻度位 4,重复步骤(4)的操作,并记录转速和压力数据。

（9）完成操作后,松开溢流阀弹簧将压力调到最小,卸压 1 min 后才能关闭电源。

（10）将所有液压件、测试设备、油管、电线等移动件整齐放回原处,保持实验台面整洁。

六、实验数据记录

表 5-1　速度换接回路实验数据记录表

电磁换向阀的阀位	单向调速阀刻度位	流量 q/(L/min)	马达转速/(r/min)
b	刻度位 2		
	刻度位 3		
	刻度位 4		
a	刻度位 2		
	刻度位 3		
	刻度位 4		

表 5-2　不同负载压力对流量的影响

负载压力 p/bar	压差 Δp/bar	马达转速/(r/min)

七、实验报告

（一）实验目的

（二）实验原理图

（三）实验数据记录及处理

分析实验结果,绘制特性曲线,给出合理结论。

（四）思考题

（1）如何调节液压马达的负载?

（2）用单向节流阀代替单向调速阀,液压马达的转速将如何变化?

（3）电磁换向阀的两个电磁铁线圈如何实现互锁?

实验六　压力继电器控制换向实验

■一、实验目的■

　　了解压力继电器的工作原理和应用,掌握运用压力继电器控制执行元件换向的液压油路和控制电路的设计及测试分析方法。

■二、实验装置■

　　◇ WS290电液综合实验平台主体台架。
　　◇ 液压缸1个,二位四通电磁换向阀1只,溢流阀1只,单向节流阀1只,压力继电器1只,压力表2只,分流器、软管若干。

■三、实验内容■

　　在液压控制系统中,压力继电器是一种液-电转换装置,具有切换和监测功能。压力继电器的微动开关,可以接通或断开某一电气回路。
　　本实验采用压力继电器发信号,液压缸由二位四通电磁换向阀控制换向,二位四通电磁换向阀的电磁铁线圈则由压力继电器控制。设计能实现上述功能的液压回路,同时设计PLC控制电路,设计合理的实验操作步骤,实现对液压马达的运动方向和速度的控制。正确记录实验数据,并对实验结果进行讨论分析,给出结论。

■四、实验原理图■

　　1. 液压系统原理图(参考)
　　参考油路图如图6-1所示,油路液压方向主要由二位四通电磁换向阀控制,单向节流阀将液压缸活塞杆伸出的速度控制在一个较低且稳定的值,方便观察活塞杆的运动轨迹。二位四通电磁换向阀未接收电信号时,阀位处于右位,液压缸的活塞杆缩回;当二位四通电磁换向阀接收电信号后,阀位处于左位,液压缸的活塞杆将伸出。
　　2. 控制电路原理图(参考)
　　参考电路图如图6-2所示,其中含有一个自锁电路。当按下S2按钮时,继电器K1将通电,K1的常开触点将闭合完成自锁且此时Y1将接收到电信号,二位四通电磁换向阀处于左

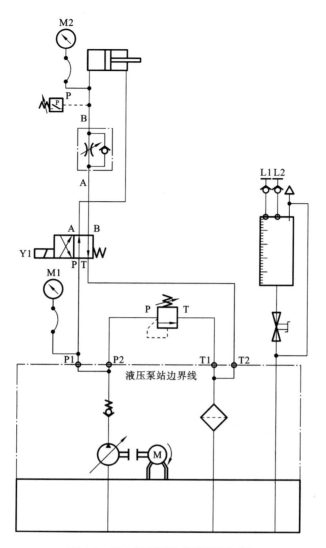

图 6-1 压力控制回路油路图（参考）

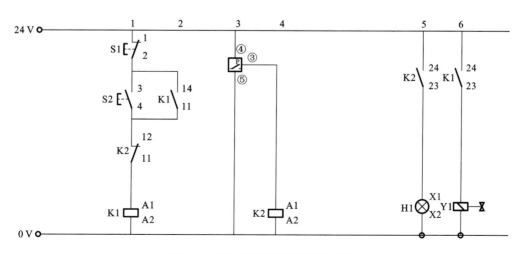

图 6-2 压力控制回路电路图（参考）

位,活塞杆伸出。随着系统的压力增大,到达压力继电器的设定值时,压力继电器的微动开关将闭合,使继电器 K2 通电,此时 K2 的常开触点将闭合,指示灯 H1 将亮起;K2 的常闭触点开关将打开,K1 的自锁被消除,Y1 失去电信号,二位四通电磁换方向阀切换至右位,活塞杆缩回。

3. 接线图(参考)

实验台上电液系统接线图如图 6-3 所示。

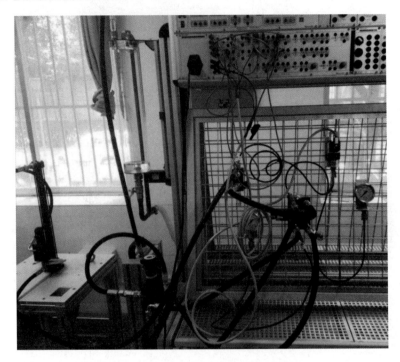

图 6-3　实验台上电液系统接线图(参考)

五、实验步骤

(1) 根据液压油路图完成油路的搭建,逐个检查并确保每个液压件在台架上安装稳固,确保液压件和油管连接牢固。

(2) 根据电路图完成电气控制部分的接线,并检查电气控制部分的接线是否正确。

(3) 检查溢流阀,确保调压弹簧是松开的,然后可以启动液压泵,检查控制装置有无泄漏。此时任何一只压力表上的读数应当为 0。

(4) 调整溢流阀,将系统压力设为 30 bar。使用工具,将压力继电器的压力设定螺钉旋到最大位置。

(5) 在单向节流阀打开的状态下,通过按钮 S1、S2 检查液压缸活塞杆的伸出和缩回动作是否正常。通过调节单向节流阀,将液压缸活塞杆的伸出速度调为 0.05 m/s(速度值可以根据测得的伸出时间和行程计算得出)。

(6) 先按下按钮 S2 让活塞杆伸出并到达末端位置,然后将压力继电器的压力设定螺钉慢慢旋松,直到指示灯 H1 亮起,电磁铁线圈 Y1 失去电信号,液压缸活塞杆能自动缩回。

(7)通过溢流阀不断地增加系统压力直到超过压力继电器的设定压力值,并验证液压缸的活塞杆是否可以自动缩回。

(8)完成操作后,将溢流阀压力调到最小,卸压 1 min 之后再关闭液压泵电源。

(9)将所有液压件、测试设备、油管、电线等移动件整齐放回原处,保持实验台面整洁。

六、实验数据记录

表 6-1 压力控制转向回路实验数据记录表

溢流阀的调定压力 p/bar	液压缸的活塞杆是否自动缩回 是/否
20	
25	
30	
35	
40	

七、实验报告

(一)实验目的

(二)实验原理图

(三)实验数据记录及处理

分析实验结果,绘制特性曲线,给出合理结论。

(四)思考题

(1)按钮 S1 的作用是什么?

(2)如果将连接电磁换向阀 A、B 的油管交换,控制电路不变,油缸将如何动作?

(3)如果将压力继电器接在液压缸有杆腔的进口处,是否能控制液压缸的自动换向? 控制电路和液压油路是否需要调整?

实验七　差动连接控制回路实验

■ 一、实验目的 ■

掌握液压差动回路的油路设计、控制电路设计及测试分析方法。

■ 二、实验装置 ■

◇ WS290 电液综合实验平台主体台架。

◇ 二位四通电磁换向阀 1 只,溢流阀 1 只,单向调速阀 1 只,液压缸 1 个,计时器 1 只,压力表 3 只,分流器、软管若干。

■ 三、实验内容 ■

将单杆活塞缸的进、出油口通过一定的方式连通,即可形成差动连接回路。借助差动连接,在不增加液压泵排量的情况下可有效提高液压缸的运动速度。

本实验的实验内容是设计一种能实现单杆活塞缸差动连接的液压回路和电气控制电路,要求活塞杆伸出时运动速度稳定且可调。要求设计合理的实验操作步骤,正确记录数据,并对实验结果进行讨论分析,给出结论。

■ 四、实验原理图 ■

1. 液压系统原理图(参考)

参考油路图如图 7-1 所示。二位四通电磁换向阀未接收电信号时,处于右位,A 口堵塞,液压泵输出的液压油经过调速阀后直接进入液压缸的有杆腔,活塞杆将缩回,液压缸无杆腔中的液压油经过换向阀的 B 口和 T 口流回油箱。当二位四通电磁换向阀接收到电信号时切换至左位,泵输出的液压油经过调速阀后再经过换向阀的 P 口和 B 口进入液压缸的无杆腔,同时从有杆腔出来的油液与泵输出的油液汇合一起进入液压缸的无杆腔,形成了差动连接。

2. 电气控制电路图(参考)

实验的参考电路图如图 7-2 所示,由一个自锁电路构成。当按下按钮 S2 时,继电器 K1 将通电,K1 常开触点开关将闭合,完成自锁,同时线圈 Y1 将通电,此时二位四通电磁换向阀完成换向,活塞杆以更快速度伸出。按下 S1 按钮,消除继电器 K1 的自锁,线圈 Y1 失去电信号,二位四通电磁换向阀回归原位,油路再次换向,活塞杆将缩回。

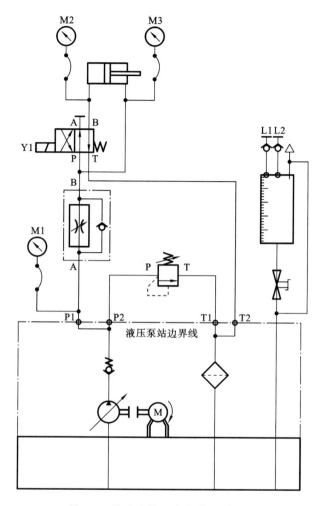

图 7-1 差动连接回路油路图(参考)

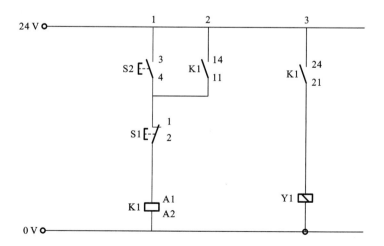

图 7-2 差动连接回路电路图(参考)

3. 接线图(参考)

实验台上电液系统接线图如图 7-3 所示。

图 7-3   实验台上电液系统接线图(参考)

■■■ 五、实验步骤 ■■■

(1) 根据液压油路图完成油路的搭建,逐个检查并确保每个液压件在台架上安装稳固,确保液压件和油管连接牢固。

(2) 根据电路图完成电气控制部分的接线,并仔细检查电气控制部分的接线是否正确。

(3) 松开溢流阀,关闭单向调速阀,然后可以接通电源,启动液压泵,检查控制装置有无泄漏。此时任何一只压力表上的读数应当为 0。

(4) 调节溢流阀使系统压力为 50 bar。

(5) 将单向调速阀开度调到刻度位 1.0。

(6) 按下按钮 S2,使液压缸的活塞杆伸出。测量活塞杆伸出所需时间;将伸出时间、活塞杆运动到终端位置时的压力值(M3 和 M2 的数据)记录下来。

(7) 拨动按钮 S1,从而使液压缸活塞杆缩回。将活塞杆缩回时间、活塞杆运动到终端位置时的压力值(M3 和 M2 的数据)记录下来。

(8) 改变单向调速阀的刻度至 1.4 以及 1.8,做多组对比实验,验证实验结果。

(9) 完成操作后,松开溢流阀调压弹簧至压力表读数为 0,卸压 1 min 后才可以关闭电源。

(10) 将所有液压件、测试设备、油管、电线等移动件整齐放回原处,保持实验台面整洁。

六、实验数据记录

根据活塞杆运动的行程以及运动的时间可以计算出活塞杆运动的速度,整理数据并填入表格。

表 7-1　差动回路实验数据记录表

单向调速阀刻度位置	液压缸活塞杆行程 L/mm	行程时间 t/s	活塞杆运动速度 $v/(\text{mm/s})$

七、实验报告

(一)实验目的

(二)实验原理图

(三)实验数据记录及处理

分析实验结果,绘制特性曲线,给出合理结论。

(四)思考题

(1)如何将本泵站的恒压变量泵设置成定量泵?

(2)如何实现液压缸活塞杆伸出到终点后自动返回?

(3)提出 1 种能进行液压缸非差动连接慢进和差动连接快进切换控制的实验方案。

实验八　速度换接控制回路实验

▮一、实验目的▮

了解速度换控制接回路的工作原理,掌握速度换接液压油路设计及其电气控制电路设计和测试分析方法。

▮二、实验装置▮

◇ WS290 电液综合实验平台主体台架。

◇ 二位四通电磁换向阀 2 只,溢流阀 1 只,单向调速阀 1 只,液压缸 1 个,计时器 1 只,压力表 3 只,电气行程开关 2 只,分流器、软管若干。

▮三、实验内容▮

速度换接控制回路的功用是使液压执行机构在一个工作循环中从一种运动速度换到另一种运动速度,因而这个转换不仅包括快速转慢速的换接,而且也包括两个慢速之间的换接。能够实现快速转慢速换接的方法很多,可以用机械式行程阀控制,也可以用电磁阀与电气行程开关联合控制。

本实验的主要内容是设计一个液压缸的运动由快速换接为慢速,或者是两种慢速的换接回路的液压油路图和电气控制电路图,设计合理的操作步骤,正确记录数据,并对实验结果进行讨论分析,给出结论。

▮四、实验原理图▮

1. 液压系统原理图(参考)

实验参考油路图如图 8-1 所示,当二位四通电磁换向阀的 Y1 与 Y2 线圈均不通电时,油液进入液压缸的有杆腔使活塞杆速缩回。当 Y1 线圈接收电信号,Y2 线圈未接收电信号时,油液将进入液压缸的无杆腔,使活塞杆快速伸出,并通过二位四通电磁换向阀流回油箱。当 Y1 与 Y2 都接收到电信号时,液压缸活塞杆仍然处于伸出状态,但流回油箱的油液流量受到单向调速阀的控制,液压缸活塞杆伸出的速度减慢,从而完成了液压缸的速度换接控制。

2. 电气控制电路图(参考)

参考电路图如图 8-2 所示,当按下 S2 开关按钮时,继电器 K1 将通电,K1 常开触点将闭

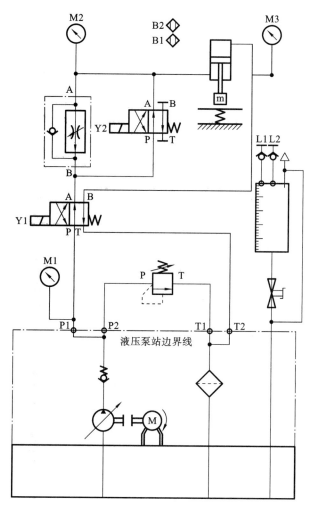

图 8-1 快慢速控制回路油路图(参考)

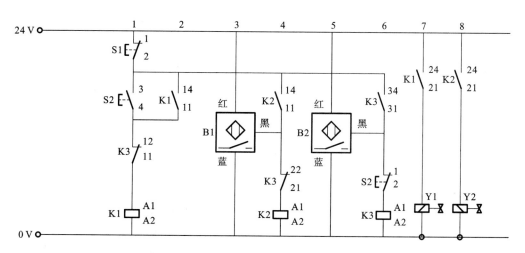

图 8-2 快慢速控制回路电路图(参考)

合,完成自锁,同时 Y1 将通电,此时油路为快速控制油路。当液压缸的活塞杆伸出且到达行程开关 B1 位置时,行程开关 B1 被压下,继电器 K2 将被接通,K2 常开触点将闭合,完成自锁,并使 Y2 也通电,此时油路为慢速控制油路。当液压缸的活塞杆运动到行程开关 B2 位置时,继电器 K3 被接通,K3 常闭触点将打开,继电器 K1、K2 将断电,Y1、Y2 未接通,两个二位四通电磁换向阀回归常态位置,此时液压缸的活塞杆将以最快速度缩回。

3. 接线图(参考)

实验台上电液系统接线图如图 8-3 所示。

图 8-3   实验台上电液系统接线图(参考)

五、实验步骤

(1)根据液压油路图完成油路的搭建,逐个检查并确保每个液压件在台架上安装稳固,确保液压件和油管连接牢固。

(2)根据电路图完成电气控制部分的接线,并仔细检查电气控制部分的接线是否正确。行程开关的放置位置,应该使得速度切换发生在整段行程的中部。

(3)检查溢流阀,确保调压弹簧是松开的,然后可以接通电源,启动液压泵,检查控制装置有无泄漏。此时任何一只压力表上的读数应当为 0。

(4)通过溢流阀设定系统压力为 50 bar,将单向调速阀刻度设在 1.0。

(5)按下按钮 S2,使液压缸的活塞杆伸出。由行程开关 B1 控制二位四通电磁换向阀换向,油液经流量控制阀回到油箱。一旦活塞杆达到行程开关 B2 位置,二位四通电磁换向阀在此切换到常态位置,从而使活塞杆缩回。记录活塞杆整个行程的伸出时间和缩回时间,以及压力表 M2 和 M3 的数值。

（6）将单向调速阀刻度设在 1.5 处,重复进行实验作为对比,记录测量结果。通过对比实验保证实验结果的准确性。

（7）完成实验后,松开溢流阀调压弹簧至压力表读数为 0,卸压 1 min 后才可以关闭电源。

（8）将所有液压件、测试设备、油管、电线等移动件整齐放回原处,保持实验台面整洁。

六、实验数据记录

表 8-1　速度换接控制回路实验数据记录表

液压缸运动	M2 读数 p/bar	M3 读数 p/bar	单向调速阀刻度位	液压缸行程 L/mm	时间 t/s	速度/(m/s)
快进						
工进						
快退						

七、实验报告

（一）实验目的

（二）实验原理图

（三）实验数据记录及处理

分析实验结果,绘制特性曲线,给出合理结论。

（四）思考题

（1）如何设计两种慢速转换的速度换接控制回路?

（2）在本设计案例中,控制电路里包括了哪些基本电路?

实验九　模拟信号控制电液比例换向阀实验

■一、实验目的

　　了解电液比例换向阀的工作原理,掌握用模拟信号控制电液比例换向阀换向和对执行元件进行无级调速的实验方法。

■二、实验装置

　　◇ WS290 电液综合实验平台主体台架。
　　◇ 三位四通电液比例换向阀 1 只,溢流阀 1 只,单向顺序阀 1 只,液压缸 1 个,压力表 3只,分流器、软管若干。

■三、实验内容

　　电液比例换向阀能够将输入的电压作为电信号,通过内部的比例放大器将电信号转化为电流,从而改变阀的工作位置,并成比例地改变阀口流量。因此电液比例换向阀不仅能够控制执行元件的运动方向,而且可以完成对执行元件速度的无级调控。
　　本实验的主要内容是设计由电液比例换向阀控制液压缸的运动方向和运动速度的液压油路图和电气控制电路图,设计合理的操作步骤,正确记录数据,并对实验结果进行讨论分析,给出结论。

■四、实验原理图

　　1. 液压系统原理图(参考)
　　本实验参考油路图如图 9-1 所示,由一个三位四通电液比例换向阀控制液压缸的运动方向和运动速度,单向顺序阀作为平衡阀,在垂直安放的液压缸活塞下行时产生背压以平衡重物的重力,保证活塞平稳下行;三只压力表用于测定油路中不同位置的油压。三位四通电液比例换向阀接通电路,当通过正电流时,阀处于左位,重物将上升;通过负电流时,重物将下降。
　　2. 电气控制电路图(参考)
　　实验参考电路图如图 9-2 所示,电路由信号发生器、连接板、指令值/实际值显示仪组成。信号发生器输出指令值给连接板,连接板再将电信号通过七芯电缆输出给电液比例换向阀和显示仪。显示仪连接信号发生器和连接板,可以显示输入指令值以及实际输出值。

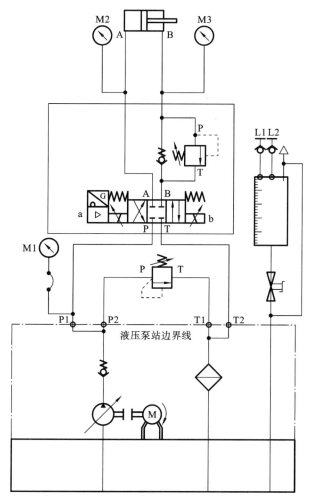

图 9-1 模拟信号控制电液比例换向阀实验油路图(参考)

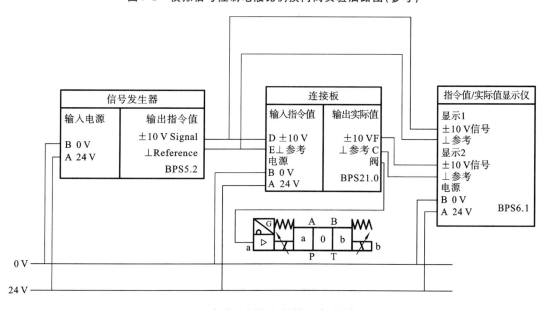

图 9-2 电液比例换向阀控制电路(参考)

图 9-3 是电液比例换向阀与控制面板的信号传输与连接示意图,图 9-4 是连接控制面板和电液比例换向阀的七芯电缆接头结构。

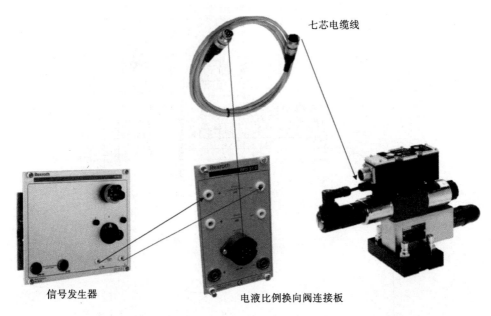

图 9-3　电液比例换向阀与控制面板的信号传输与连接示意图

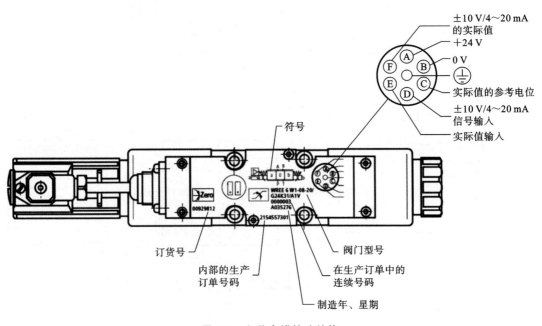

图 9-4　七芯电缆接头结构

3. 接线图（参考）

实验台上电气液压接线图如图 9-5 所示。实验台上控制电路局部接线图如图 9-6 所示。

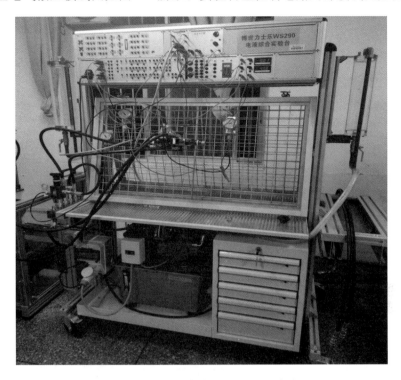

图 9-5　实验台上电气液压接线图（参考）

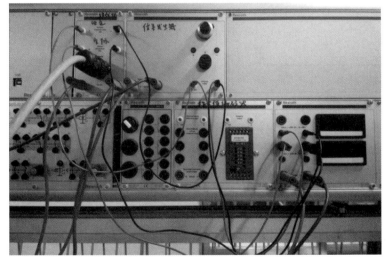

图 9-6　实验台上控制电路局部接线图（参考）

五、实验步骤

（1）根据液压油路图完成油路的搭建，逐个检查并确保每个液压件在台架上安装稳固，确保液压件和油管连接牢固。

（2）根据电路图完成电气控制部分的接线，并仔细检查电气控制部分的接线是否正确。

（3）检查溢流阀，确保调压弹簧是松开的，然后可以接通电源，启动液压泵，调节溢流阀，通过压力表 M1 观察，设定系统压力为 20 bar。

（4）调节信号发生器，给予电液比例换向阀一定的正向电流，液压缸活塞上行，此时 M2 读数应为 0，M3 读数为 20 bar。

（5）关闭电流，电液比例换向阀回到中位，此时 M3 的读数为单向顺序阀的调定压力 17 bar（此数值主要用于平衡重力）。

（6）调节信号发生器，给予电液比例换向阀负电流，换向阀换向，让重物落下，此时 M2 压力读数为 20 bar，M3 压力读数为 0。

（7）调节信号发生器，改变电压从 2 V 开始（电压太低时，无法抬起重物）至 5 V，记下重物上升/降落的时间，测试多组数据，并记录实验结果。

（8）完成操作后，松开溢流阀调压弹簧至压力表读数为 0，卸压 1 min 后才可以关闭液压泵。

（9）在正向或负向（＋/－）上分别启动电液比例换向阀，使工作管路和液压缸卸荷，此时全部压力表读数为 0，可以关闭电源总开关。

（10）将所有液压件、测试设备、油管、电线等移动件放回原处并摆放整齐，保持实验台面整洁。

■ 六、实验数据记录 ■

表 9-1　实验数据记录表格

电压/V		2	2.5	3	3.5	4	4.5	5
时间/s	上升时间							
	下降时间							
速度/(mm/s)	上升速度							
	下降速度							

■ 七、实验报告 ■

（一）实验目的

（二）实验原理图

（三）实验数据记录及处理

分析实验结果，绘制电压与液压缸速度关系曲线，给出合理结论。

(四) 思考题

（1）多大的指令值将使液压缸产生明显的移动？

（2）指令值为 0.5 V 时液压缸为何还未移动？

（3）液压缸速度与指令值之间呈现怎样的变化关系？

（4）什么因素限制了液压缸的最高速度？从多大的指令值开始产生这种限制？

（5）什么因素决定了液压缸的移动方向？

实验十　数字信号控制电液比例换向阀实验

■一、实验目的

了解电液比例换向阀的工作原理,掌握用数字信号控制电液比例换向阀,对执行元件进行换向和无级调速控制的实验方法。

■二、实验装置

◇ WS290 电液综合实验平台主体台架。

◇ 三位四通电液比例换向阀 1 只,溢流阀 1 只,单向顺序阀 1 只,液压缸 1 个,压力表 3 只,分流器、软管若干。

■三、实验内容

电液比例换向阀电气接线模块主要有四个部分,分别是信号发生器、接线板、指令值/实际值显示仪、指令值编码器。

信号发生器主要用来设定输入电流的大小,并可改变电压大小,电压的范围是 $0 \sim \pm 10$ V;接线板主要通过连线将信号发生器传递来的输入电流输出给电液比例换向阀;指令值/实际值显示仪主要是通过连接信号发生器和接线板,由显示屏直接显示出电压的大小,可以比较方便地调节电压的大小,以及便于观察给定输入值与实际输出值是否相同,观察损耗电压是否较大;指令值编码器的作用和信号发生器的作用大致相同,都是输出电流和电压,并且可以控制电压的大小,但输出电流的方式不同。指令值编码器可以与电路开关连接,通过不同的开关控制电压的大小。

本实验的主要内容是设计由数字信号控制电液比例换向阀,从而控制液压缸的运动方向和运动速度的液压油路图和电气控制电路图,设计合理的实验操作步骤,正确记录数据,并对实验结果进行讨论分析,给出结论。

■四、实验原理图

1. 液压系统原理图(参考)

本实验的参考油路图与模拟信号控制电液比例换向阀实验的油路图相同,如图 10-1 所示。三位四通电液比例换向阀控制液压缸的运动方向和运动速度;单向顺序阀作为平衡阀,在垂直安放的液压缸活塞下行时产生背压以平衡重物重力,保证活塞平稳下行;三个压力表用于测定油路中不同位置的油压。三位四通电液比例换向阀接通电路,当通过正电流时,阀处于左位,重物将上升;通过负电流时,重物将下降。

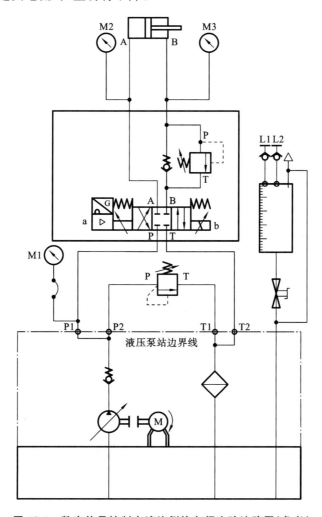

图 10-1 数字信号控制电液比例换向阀实验油路图(参考)

2. 电气控制电路图(参考)

本实验的参考电路图如图 10-2 所示。使用指令值编码器的调用值作为数字信号输入,通过设定调用值的指令值与斜坡时间,控制电液比例换向阀。指令值编码器的调用值接口与电气控制开关相连,通过开关按钮 S2、S3、S4、S5 来控制调用 1、2、3、4 的电压值,调用 1、2、3、4 的电压值要先设置好一组数据,之后再改变数值设置另一组数据。指令值 w 和斜坡时间 t 接口与指令值/实际值显示仪相连,实验人员可以观察输入指令值,通过显示屏可以调节数值。同时指令值编码器输出电压接口同样需要与连接板相连,最终传递到电液比例换向阀中。每一个按钮代表着一个调用值,即一个数字信号。通过设定几组与模拟信号实验相同的值进行实验,并对比实验结果。

3. 接线图及油路连接图(参考)

实验台上控制系统接线图如图 10-3 所示。实验台节流调速系统油路连接图如图 10-4 所示。

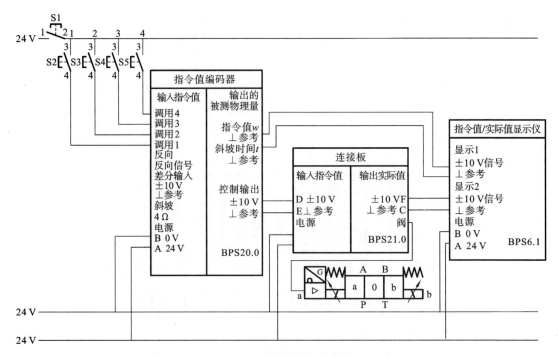

图 10-2　数字信号电路图(参考)

图 10-3　实验台上控制系统接线图(参考)

▊ 五、实验步骤 ▊

(1) 按照油路图和电路图完成接线,检查无误后,打开电源,设定电压值。

(2) 拨下开关 S1,按住按钮开关 S2,观察显示 1 上的电压值,使用螺丝刀调节指令值 w_1 或斜坡时间 t_1(调节时可能需要另一人配合),将电压指令值调到 2 V 作为调用 1。松开按钮 S2,按下按钮 S3,用同样的方法调节指令值 w_2 和斜坡时间 t_2,电压指令值调到 -2 V 作为调

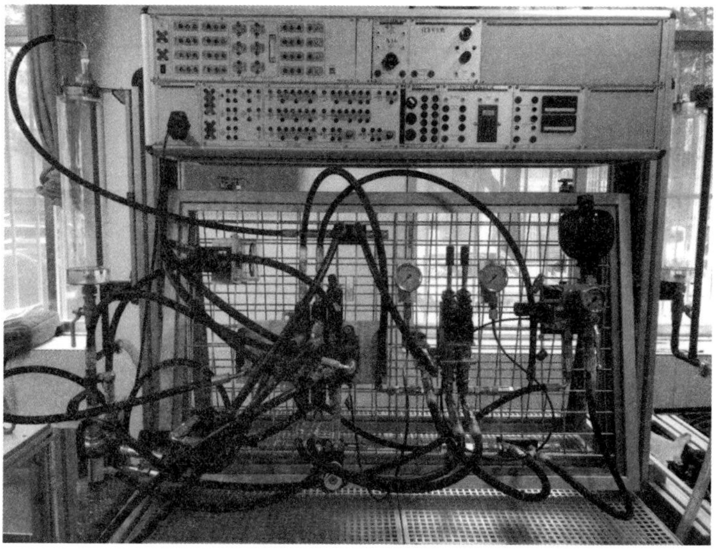

图 10-4　实验台节流调速系统油路连接图(参考)

用 2。以此方法,设置好调用 3 为 3 V 和调用 4 为 -3 V。因斜坡时间不同时,电流的上升时间无法观测到,故将斜坡时间调成相同即可。这时数字信号设定完成。

　　(3)打开液压泵,通过溢流阀调节油路压力,将压力调到 20 bar。调节平衡阀(单向顺序阀),平衡重物重力。

　　(4)按下按钮 S2,此时输出给电液比例换向阀的电流为正电流,重物上升,记录上升时间。松开按钮 S2,按下按钮 S3,此时输出给电液比例换向阀的电流为负电流,重物下落,记录下落时间。依次按下按钮 S4 和 S5,记录数据。

　　(5)根据上述步骤设定多组数字信号,进行实验,记录实验数据。

　　(6)完成操作后,松开溢流阀调压弹簧至压力表读数为 0,卸压 1 min 后才可以关闭液压泵。

　　(7)在正向或负向(+/-)上分别启动电液比例换向阀,使工作管路和液压缸卸荷,此时全部压力表读数为 0,可以关闭电源总开关。

　　(8)将所有液压件、测试设备、油管、电线等移动件放回原处并摆放整齐,保持实验台面整洁。

六、实验数据记录

表 10-1　数据记录表

电压/V	2	2.5	3	3.5	4	4.5	5
上升时间/s							
下降时间/s							
电压与时间关系曲线							

续表

电压/V	2	2.5	3	3.5	4	4.5	5
上升速度/(mm/s)							
下降速度/(mm/s)							
电压与速度关系曲线							

■七、实验报告■

(一) 实验目的

(二) 实验原理图

(三) 实验数据记录及处理

分析实验结果,绘制特性曲线,给出合理结论。

(四) 思考题

(1) 指令值设定模块上提供了多少个指令值 w?

(2) 指令值如何才能被调用?

(3) 各指令值的极性是什么?

(4) 如何测量当前的指令值?

实验十一　单泵多执行器节流控制实验

一、实验目的

掌握单泵多执行器节流调速系统的实验设计、安装、调试和测试分析方法,正确分析系统在不同工况下的速度负载特性和效率特性,明确其适用场合。

二、实验装置

◇ WS290 电液综合实验平台主体台架。

◇ 行走机械多路阀 3SM12 1 只,液压马达 1 只,液压缸 1 个,蓄能器组件 1 套,先导控制组件 1 套,单向阀 1 只,减压阀 1 只,溢流阀 1 只,流量计 1 只,压力流量传感器组件 1 套,压力流量数据采集器 1 只,PC 计算机 1 台,激光测速仪 1 只,压力表 4 只,分流器、软管若干。

三、实验内容

设计一个单泵多执行器节流调速实验系统,研究在负载变化、流量饱和及流量不饱和时不同执行器动作的协调性、速度负载特性、效率特性,研究节流调速系统流量分配及协调控制能力。任务包括液压油路设计、控制系统和测试系统设计、实验数据采集、信号处理、分析实验结果。

四、实验原理图

1. 节流控制油路图(参考)

本实验的油路参考图如图 11-1 所示。回路中各主要元件及其作用如下。

(1)多路阀:用于控制液压缸和液压马达的运动方向和运动速度。其中,a1、b1、a2、b2 分别接先导控制信号,通过控制先导阀的压力调节阀芯的开口大小,进行方向和流量的控制;P、T 分别接压力油路和回油油路,为执行器提供压力;P3 直接接回油口 T2,在多路阀都处于中位时使泵卸荷。

(2)液压马达:执行元件负载。可通过测试液压马达在不同工况下的压力和速度,分析负载变化时多执行器的流量分配和变化过程。

(3)带负载模拟的液压缸:在液压缸的下方有弹簧装置,可模拟负载变化。可通过测试液

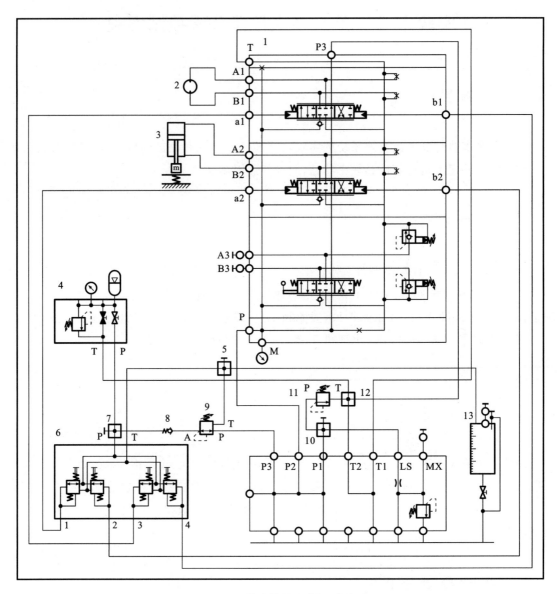

图 11-1 节流控制油路图(参考)

1—行走机械多路阀 3SM12;2—液压马达;3—液压缸;4—蓄能器;5,7,10,12—分流器;

6—先导控制元件;8—单向阀;9—减压阀;11—溢流阀;13—量筒

压缸在不同工况下的压力和速度,分析负载变化时多执行器的流量分配和变化过程。

(4)蓄能器:当泵站 P3 口的压力不足时,为先导控制元件提供控制压力;当先导控制元件开闭时,减小液压冲击,使手柄操控平稳。

(5)带操纵杆的液压先导控制块:通过 1、2、3、4 口给多路阀提供控制压力,控制执行器的方向和流量。先导阀输出的控制压力与手柄压下的位置有关。也可用电控 4THE5 手柄替换带操纵杆的液压先导控制块,通过电控手柄,实现多路阀的换向功能,且有一个固定的节流开度,该固定值可通过编程调整。

（6）单向阀：防止蓄能器和先导控制元件压力油路回流。

（7）减压阀：可以减压和稳压。

（8）溢流阀：调节系统压力。

2．接线图（参考）

实验台上节流调速电液系统接线图如图 11-2 所示。

图 11-2　实验台上节流调速电液系统接线图

3．压力流量传感器与显示器的连接（参考）

以下给出压力流量传感器与显示器的连接参考（见图 11-3）。

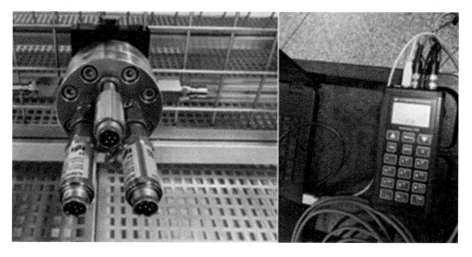

图 11-3　压力流量传感器（左）与显示器 MultiHandy3020（右）

压力传感器的信号:4～20 mA;量程:0～60 bar。流量传感器 calibration value(标定值):22.13(1000 个脉冲对应 22.13 L/min 流量)。实时测一段时间内系统某处的压力和流量并记录数据,在计算机中绘制成特性曲线并在 HYDROlink 软件上显示出来,软件显示的数据与测量仪器一一对应。软件界面如图 11-4 所示。

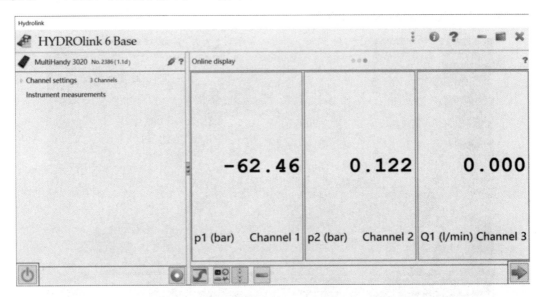

图 11-4 HYDROlink 软件界面

MultiHandy3020 显示器共有 3 通道,1 与 2 通道接压力传感器或温度传感器(模拟量信号),3 通道接流量传感器(频率信号)。显示器上白线接计算机,具体连接如图 11-5 所示。最

图 11-5 压力流量传感器与 MultiHandy3020 显示器的连接

多可进行 14 组测量,每组最多 1000000 个值,LCD 显示屏最长可使用 16 个小时,配 HYDRO-com6 BASE /HYDROlink6 BASE 软件,仪表有自动保存功能。设置好传感器后,除非更换传感器,否则不需要再设置。

按"Menu"主菜单,会弹出一个对话框,包括如下参数设置:

(1) Channels:设置传感器类型,比如各通道连接什么类型的传感器。

(2) Display:以何种方式显示测量值。

(3) Recording:设置采集时间及采样频率。

(4) Device:设置时间、语言等。

具体设置如下:ch1 接 p1,ch2 接 p2,ch3 接 q,仪器测量两个压力值(V)和一个流量值(L/min),量程数值范围为 0~60,采样频率为 5 ms,即 1 s 采集 200 个数据,其他参数按默认设置。

■ 五、实验步骤 ■

(1) 按照油路图选择正确的液压元件,接好油路。在开机前严格对照油路图将各油路检查一遍以确认油路连接没有错误。

(2) 打开泵站电源使液压泵工作,调节溢流阀使泵的出口压力为 50 bar,调节减压阀使其出口压力为 30 bar。

(3) 关闭蓄能器放油开关,打开进油开关,接通蓄能器进油口,缓慢调节蓄能器模块上的溢流阀压力,操作先导控制手柄使液压缸能往上抬升以及能向下将弹簧压到底,记录此时蓄能器上压力表的读数。

(4) 同步操纵先导控制手柄至合适位置(不产生流量饱和现象),控制液压马达转动,控制液压缸缓慢下降,直至液压缸停止运动。记录此过程中液压马达、液压缸的压力和流量。

(5) 同步操纵先导控制手柄至较大位置(产生流量饱和现象),记录此过程中液压马达、液压缸的压力和流量。

(6) 数据采集完毕后,先松开控制液压马达的手柄,再松开控制液压缸的手柄。

(7) 将液压缸调整到刚刚使弹簧初始压缩的位置,弹簧不能压缩太多,重物也不能悬空。

(8) 将三通球阀扳到初始位置(垂直)。

(9) 操作换向阀反复换向几次。

(10) 蓄能器卸荷。

(11) 松开溢流阀调压弹簧,使各处压力表读数均为 0。

(12) 将所有液压件、测试设备、油管、电线等移动件放回原处处摆放整齐,保持实验台面整洁。

▇六、实验报告▇

(一)实验目的

(二)实验原理图

(三)实验数据记录及处理

分析实验结果,绘制特性曲线,给出合理结论。

(四)思考题

(1)液压先导阀的优点是什么?

(2)当负载压力很小时,如何确保控制油的压力能驱动多路阀的阀芯换向?

(3)怎样从高压系统获得压力合适的控制油?

(4)该实验设计存在哪些不足?有哪些解决方法?

实验十二　单泵多执行器负载敏感控制实验

■一、实验目的■

掌握单泵多执行器负载敏感(LS)控制系统的实验设计、安装、调试和测试分析方法,正确分析系统在不同工况下的流量分配特性、速度负载特性、效率特性,研究其流量分配及协调控制能力,明确其适用场合。

■二、实验装置■

◇ WS290 电液综合实验平台主体台架。

◇ 行走机械 LS 多路阀 M4-12 1 只,液压马达 1 只,液压缸 1 个,蓄能器组件 1 套,先导控制组件 1 套,单向阀 1 只,减压阀 1 只,溢流阀 1 只,流量计 1 只,压力流量传感器组件 1 套,压力流量数据采集器 1 只,PC 计算机 1 台,激光测速仪 1 只,压力表 4 只,分流器、软管若干。

■三、实验内容■

设计一个单泵多执行器负载敏感(LS)实验系统,研究在负载变化、流量饱和及流量不饱和时不同执行器动作的协调性、速度负载特性、效率特性,研究 LS 系统流量分配及协调控制能力。任务包括液压油路设计、控制系统和测试系统设计、实验数据采集、信号处理、分析实验结果。

■四、实验原理图■

单泵多执行器负载敏感系统主要由负载敏感(LS)多路阀、蓄能器模块、先导阀模块以及负载单元、平衡阀、溢流阀、减压阀、测试仪器等组成。

用弹簧的压缩模拟液压缸负载的变化,液压马达可不加负载而用于模拟小负载执行元件。蓄能器模块为先导阀提供压力油,先导阀的操纵杆位置决定多路阀阀芯的开口大小(即控制节流口面积)。用减压阀控制先导阀的最高压力。

用压力流量传感器与显示器 MultiHandy3020 实时测一段时间内系统某处的压力和流量并记录数据,在计算机中绘制成特性曲线并在 HYDROlink 软件上显示出来,软件显示的数据与测量仪器一一对应。

可先进行流不量饱和实验,再通过一定的方式减小压力油路的流量以进行流量饱和实验,测量分析两种工况下执行元件的压力和速度变化情况。

负载敏感系统原理图见图 12-1。实验台上负载敏感系统油路连接见图 12-2。

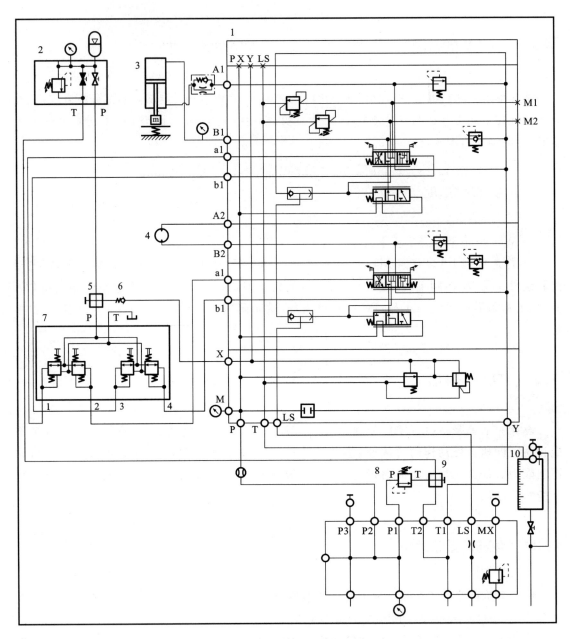

图 12-1 负载敏感系统原理图

1—LS 多路阀 M4-12;2—蓄能器;3—液压缸;4—液压马达;5,9—分流器;

6—单向阀;7—先导控制元件;8—溢流阀;10—量筒;11—单向顺序阀

图 12-2　实验台上负载敏感系统油路连接(参考)

五、实验步骤

(1) 按照油路图选择正确的液压元件,接好油路。在开机前严格对照油路图将各油路检查一遍以确认油路连接没有错误。

(2) 打开泵站电源使液压泵工作,调节溢流阀使泵的出口压力为 50 bar,调节减压阀使其出口压力为 30 bar。

(3) 关闭蓄能器放油开关,打开进油开关,接通蓄能器进油口,缓慢调节蓄能器模块上的溢流阀压力,操作先导控制手柄使液压缸能往上抬升以及能向下将弹簧压到底,记录此时蓄能器上压力表的读数。

(4) 同步操纵先导控制手柄至合适位置(不产生流量饱和现象),控制液压马达转动,控制液压缸缓慢下降,直至液压缸停止运动。记录此过程中液压马达、液压缸的压力和流量。

(5) 同步操纵先导控制手柄至较大位置(产生流量饱和现象),记录此过程中液压马达、液压缸的压力和流量。

(6) 数据采集完毕后,先松开控制液压马达的手柄,再松开控制液压缸的手柄。

(7) 将液压缸调整到刚刚使弹簧初始压缩的位置,弹簧不能压缩太多,重物也不能悬空。

(8) 将三通球阀扳到初始位置(垂直)。

(9) 操作换向阀反复换向几次。

(10) 蓄能器卸荷。

(11) 松开溢流阀调压弹簧,使各处压力表读数均为 0。

(12) 将所有液压件、测试设备、油管、电线等移动件放回原处并摆放整齐,保持实验台面整洁。

▉六、实验报告▉

（一）实验目的

（二）实验原理图

（三）实验数据记录及处理

分析实验结果,绘制特性曲线,给出合理结论。

（四）思考题

(1) 对比单泵多执行器节流调速系统和 LS 系统的特点。

(2) 进口压力与 LS 压力之差如何变化?

(3) 泵的压力与 LS 压力之差如何变化?

(4) 该实验设计存在哪些不足? 有哪些解决方法?

实验十三　单泵多执行器负载独立流量分配控制实验

■ 一、实验目的 ■

掌握单泵多执行器负载独立流量分配(LUDV)系统的实验设计、安装、调试和测试分析方法,正确分析系统在不同工况下的速度负载特性、效率特性,研究其流量分配及协调控制能力,明确其适用场合。

■ 二、实验装置 ■

◇ WS290 电液综合实验平台主体台架。

◇ LUDV 多路阀 SX-12 1 只,液压马达 1 只,液压缸 1 个,蓄能器组件 1 套,先导控制组件 1 套,单向阀 1 只,减压阀 1 只,溢流阀 1 只,流量计 1 只,压力流量传感器组件 1 套,压力流量数据采集器 1 套,PC 计算机 1 台,激光测速仪 1 只,流量计 1 只,压力表 4 只,分流器、软管若干。

■ 三、实验内容 ■

设计一个单泵多执行器负载独立流量分配(LUDV)实验系统,研究在负载变化、流量饱和及流量不饱和时不同执行器动作的协调性、速度负载特性、效率特性,研究 LUDV 系统流量分配及协调控制能力。任务包括液压油路设计、控制系统和测试系统设计、实验数据采集、信号处理、分析实验结果。

■ 四、实验原理图 ■

单泵多执行器负载独立流量分配系统主要由 LUDV 多路阀、蓄能器模块、先导阀模块以及负载单元、平衡阀、溢流阀、减压阀、测试仪器等组成。

用弹簧的压缩模拟液压缸负载的变化,液压马达可不加负载而用于模拟小负载执行元件。蓄能器模块为先导阀提供压力油,先导阀的操纵杆位置决定多路阀阀芯的开口大小(即控制节流口面积)。用减压阀控制先导阀的最高压力。

用压力流量传感器与显示器 MultiHandy3020 实时测一段时间内系统某处的压力和流量并记录,在计算机中绘制成特性曲线并在 HYDROlink 软件上显示出来,软件显示的数据与测量仪器一一对应。可先进行流量不饱和实验,再通过一定的方式减小压力油路的流量以进行流量饱和实验,测量分析两种工况下执行元件的压力和速度变化情况。

图 13-1 为 LUDV 液压系统原理图。图 13-2 为实验台上电液系统接线图（参考）。图 13-3 为 LUDV 系统油路连接局部图。

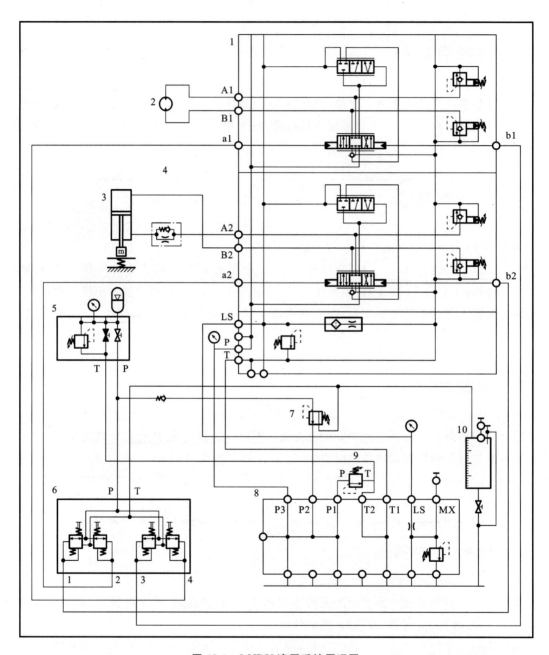

图 13-1　LUDV 液压系统原理图

1—LUDV 多路阀 SX-12；2—液压马达；3—液压缸；4—顺序阀；5—蓄能器；
6—先导控制元件；7—减压阀；8—液压泵站接口；9—溢流阀；10—量筒

图 13-2　实验台上电液系统接线图(参考)

图 13-3　LUDV 系统油路连接局部图

五、实验报告

（一）实验目的

（二）实验原理图

（三）实验数据记录及处理

分析实验结果,绘制特性曲线,给出合理结论。

（四）思考题

（1）对比单泵多执行器节流调速系统和 LS 系统、LUDV 系统的特点。

（2）为什么说 LUDV 系统不适合用于各执行元件工作压力差别很大的场合?

（3）该实验设计存在哪些不足? 有哪些解决方法?

实验十四　负荷传感液压助力转向控制实验

▌一、实验目的▌

通过实验深入理解负荷传感液压助力转向系统及转向系统中各组成元件的工作原理,掌握负荷传感液压助力转向控制实验设计及测试分析方法。

▌二、实验装置▌

◇ WS290 电液综合实验平台主体台架。

◇ 转向器优先阀、差动液压缸、阿克曼转向系统、铰接转向系统、负荷传感多路阀、负载单元、截止阀、单向阀、溢流阀、单向节流阀、弹簧秤,压力表、分流器、软管若干。

▌三、实验内容▌

(1)测量转向器流量/转向速度特性。

(2)了解转向器优先阀的结构和工作原理,搭建实验回路验证。

(3)实验验证阿克曼转向装置或铰接转向装置的工作原理。

(4)验证助力转向系统对转向舒适性和操纵轻便性的作用,并对比无助力转向时操纵力的变化。

(5)搭建实际使用回路,验证负荷传感液压助力转向系统的安全性和可行性。

▌四、实验原理图▌

图 14-1 所示为全液压转向装置结构,图 14-2 为负荷传感液压助力转向系统油路原理图。全液压转向装置的工作原理如下。

(1)转向盘不转向时,转向器处于中位。液压油流经 EF 口,由于优先阀左端受到油液压力的作用,而右端油液流往油箱,因此两端产生的压降抵抗弹簧的作用,将优先阀推往最左端,液压油全部供给工作液压系统,只有少量的液压油通过优先阀的 LD 口流回油箱。

(2)转向盘转动时,节流口 J0 关闭,油液经过 J1 向优先阀 LD 口传递压力。优先阀两端压降减小,优先阀的 CF 口打开供油给转向液压系统,摆线马达向转向缸供油,剩余的油通过 EF 口供给工作液压系统。如果转向盘转向速度加快,摆线马达转速低于转向盘,则节流口 J1 开度变大,优先阀两侧压降减小;如果节流口开度足够大,弹簧弹力将优先阀推至最右端,则泵的油全部供给转向系统。因此转向盘转速越大,EF 口开口越大,转向速度越高。

图 14-1 全液压转向装置结构

1—LAGC 转向装置；2—转向柱；3—方向盘；4—旋钮；5—部件铭牌；6—手柄（用于运输和组装）；7—用于安装的锁定机构；
8—支架安装板（用于网格板上的固定）；LD—动态负载信号端口；L—左端端口；P—压力端口；R—右端端口；T—油箱端口

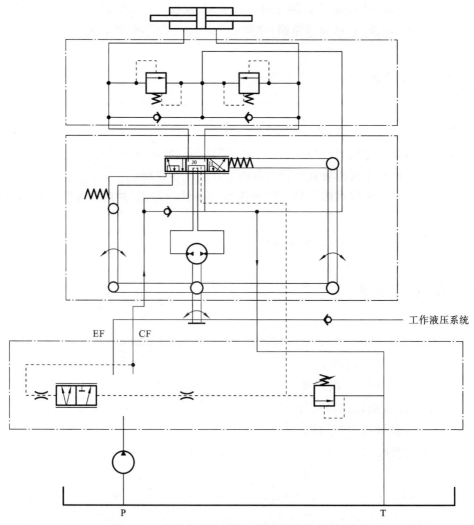

图 14-2 负荷传感液压助力转向系统油路原理图

　　液压助力转向系统由于没有机械液压助力系统的机械连杆装置作为随动元件，因此可以方便柔性化布置，并且优先阀对液压泵的供油做了合理的分配，保证了转向系统的优先供油，并且将剩余的部分供给工作液压系统，与机械液压助力转向系统相比减少了功率损失，提高了系统效率。

　　负荷传感液压助力转向系统模拟油路如图 14-3、图 14-4 所示。

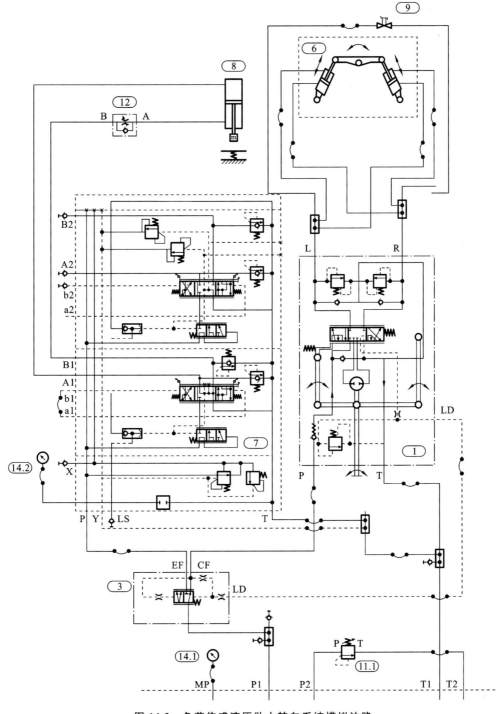

图 14-3　负荷传感液压助力转向系统模拟油路

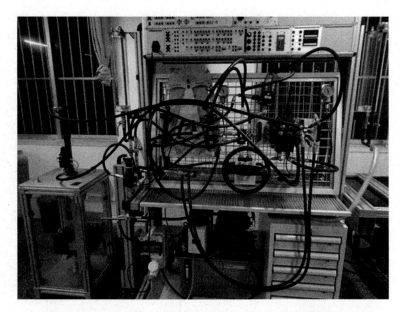

图14-4　搭建负荷传感液压助力转向系统实际应用模拟油路

五、实验步骤

（1）将负载敏感多路阀7的操纵杆扳到上方并持续保持。

（2）缓慢增大溢流阀11.1的工作压力，直至负载单元的重物被提升为止。

（3）让负载单元8油缸的活塞持续缩回，直至到达止动位置为止。

（4）将调节旋钮顺时针旋转直到完全关闭单向节流阀12为止。

（5）放开负载敏感多路阀7的操纵杆，操纵杆位于中位，沿逆时针方向转动调节旋钮，缓慢打开单向节流阀12，直至重物开始下降为止。保持单向节流阀12开度，让重物完全下降。

（6）顺时针慢慢转动方向盘，直至铰接转向装置6的两个油缸活塞到达末端位置，与此同时，把负载敏感多路阀7的操纵杆扳到上方，观察负载单元8活塞杆的运动情况。

（7）逆时针慢慢转动方向盘，直至铰接转向装置6的两个油缸活塞达到末端位置，与此同时，把负载敏感多路阀7的操纵杆扳到上方，观察负载单元8活塞杆的运动情况。

（8）顺时针快速转动方向盘，直至铰接转向装置6的两个油缸活塞达到末端位置，与此同时，把负载敏感多路阀7的操纵杆扳到上方，观察负载单元8活塞杆的运动情况。

（9）逆时针快速转动方向盘，直至铰接转向装置6的两个油缸活塞达到末端位置，与此同时，把负载敏感多路阀7的操纵杆扳到上方，观察负载单元8活塞杆的运动情况。

（10）完成实验后，松开溢流阀调压弹簧至压力表读数为0，1 min后才可以关闭电源。

（11）将所有液压件、测试设备、油管、电线等移动件整齐放回原处，保持实验台面整洁。

六、实验报告

（一）实验目的

（二）实验原理图

（三）实验数据记录及处理

分析实验结果,绘制特性曲线,给出合理结论。

（四）思考题

(1) 转向优先阀在转向系统中的作用是什么?

(2) 转向装置采用负荷传感设计的目的是什么?

(3) 如果液压泵出现故障不能供油,转向装置还能否转向?

实验十五　机电一体化仿真软件 AMESim 入门

LMS Imagine. Lab AMESim(以下简称 AMESim)是系统工程高级建模和仿真平台,它提供了一个系统工程设计的完整平台,使得用户可以在同一平台上建立复杂的多学科领域系统模型,并在此基础上进行仿真设计计算和深入的分析。用户可以在 AMESim 平台下研究任何元件或者系统的稳态和动态性能。AMESim 的应用库有:机械库、信号控制库、液压库(包括管道模型)、液压元件设计库(HCD)、动力传动库、液阻库、注油库(如润滑系统)、气动库(包括管道模型)、电磁库、电机及驱动库、冷却系统库、热库、热液压库、热气动库、热液压元件设计库(THCD)、二相库、空气调节系统库。作为设计过程中的一个重要工具,AMESim 平台还具有丰富的与其他软件包的接口,例如与 Simulink、Adams、Simpack 等的接口。

用户可以直接使用 AMESim 提供的丰富的元件应用库,同时还能够通过 AMESet 扩充或者创建特殊的应用库。这使得 AMESim 成为用于车辆、机械、热分析、电磁以及控制等复杂系统建模和仿真的优选平台。

AMESim 用户界面主要由工作区、元件库、菜单栏等组成,如图 15-1 所示。

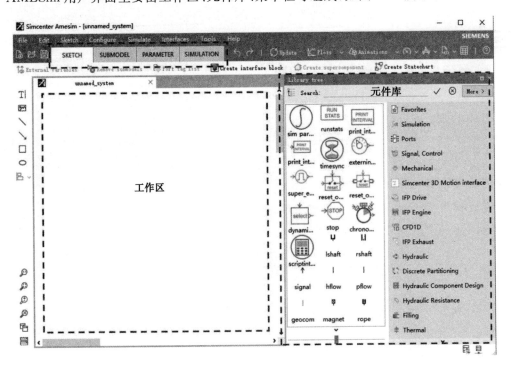

图 15-1　AMESim 用户界面

(1) 菜单栏中有四种模式:SKETCH(草图模式)、SUBMODEL(子模型模式)、PARAMETER(参数设置模式)和 SIMULATION(仿真模式)。在进行液压仿真实验时,按照"草图建模→子模型设置→参数设置→仿真"的顺序依次进行。

(2) 工作区:在草图模式下,从元件库中选择所需元件,并将其拖入工作区进行液压系统建模。

（3）元件库：内含机械库、液压库、信号控制库等多个元件库。

一、启动 AMESim

　　从开始菜单中选择程序 Imagine AMESim 中的 AMESim 或者是双击桌面上面的 AMES-im 图标![图标]。AMESim 主界面如图 15-2 所示。AMESim2016 启动后将自动创建一个名为"unnamed_system"的新系统，在保存文件时可对该系统进行命名。（注意：.ame 文件名称只能由英文大小写字母、数字和下划线组成。）

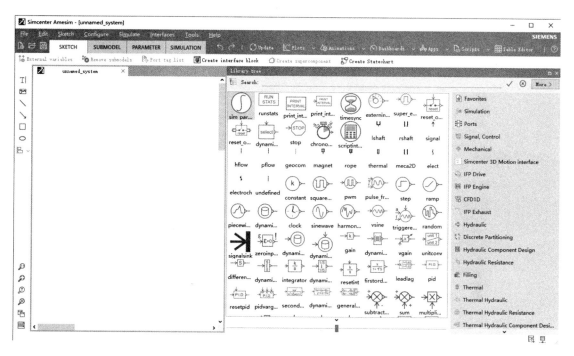

图 15-2　AMESim 主界面

二、创建一个新系统

　　点击图标![图标]，出现图 15-3 所示的窗口。工作区将添加一个新系统"unnamed_system（2）"。

　　同时按下 Ctrl＋N 键，或者在下拉菜单中选择"File—New"，出现如图 15-4 所示窗口。

　　选择 Empty system 来创建一个空白的系统。

　　当加载一个已经存在的系统时，会出现一个指示所要打开系统的路径的窗口，如图 15-5 所示。选择要打开的系统并单击 Open 按钮，或者双击要打开的系统。

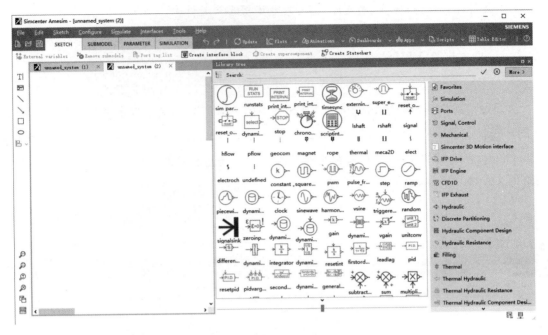

图 15-3　创建新系统窗口(一)

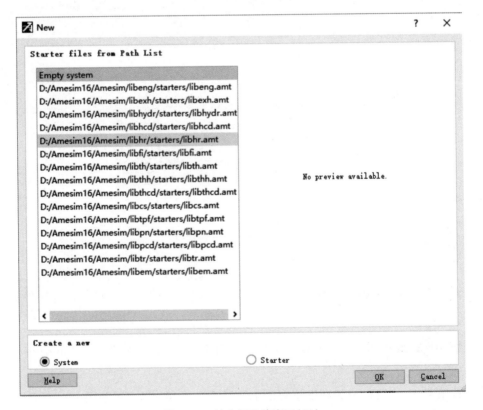

图 15-4　创建新系统窗口(二)

关闭 AMESim:当关闭主窗口时,就自动退出 AMESim。要关闭主窗口,执行以下操作即可:单击关闭按钮或者按 Ctrl+Q 键或者使用主菜单中选择文件菜单中的退出选项。

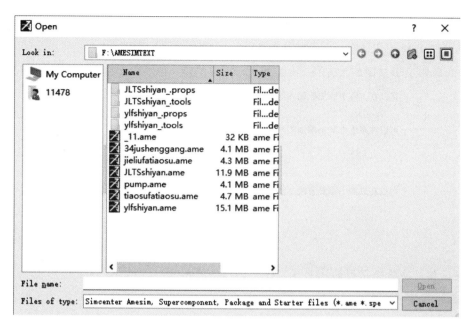

图 15-5 创建新系统窗口(三)

三、AMESim 用户界面图标及其功能介绍

1. 文件操作工具栏

新建系统,以建立该系统的仿真方案。

打开现存的系统,以修改或者完成它。

保存创建的系统。

2. 模式操作工具栏

模式操作(Mode operations)工具栏根据当前的工作模式而改变,每一模式可用的功能也各不相同,具体如下。

Set submodel 在 SUBMODEL 模式,单击模型中的元件后再单击该图标,可为该元件模块选择所需要的子模型。

Premier submodel Premier submodel 自动为每一个没有子模型相关联的元件或者连线选择最简单的模型。在进入参数模式前,对系统方案中所有的元件和连线都需要给定一个子模型。

Run Parameters Run Parameters 将显示一个仿真参数对话框,可以设置仿真参数。

Run simulation 点击此图标开始仿真运行。在仿真结束时,一个窗口内将显示详细的运行状况。

◙ Stop 按钮,用于停止正在进行的仿真。

3. 注释工具栏

注释工具栏位于页面的最左侧,具体如下。

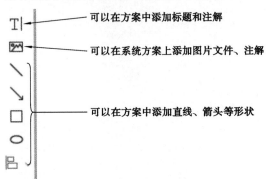

可以在方案中添加标题和注解

可以在系统方案上添加图片文件、注解

可以在方案中添加直线、箭头等形状

4. 液压相关实验中用到的元件库

Mechanical 机械类元件库,包含机械类常用元件。

Signal, Control 控制类元件库,包含控制、测量、观察系统所需的所有元件。

Hydraulic 液压类元件库,包括许多同样的液压元件,适合进行基于元件性能参数的理想动态特性仿真。

Hydraulic Component Design 液压元件设计库,包括任何机液系统的基本构造模块,模型图案很容易理解。

Hydraulic Resistance 液阻库,用于创建大型液压管网、评价元件上的压力损失、修正系统设计。

四、AMESim 的四种工作模式

1. SKETCH 草图模式

AMESim 启动时就进入 SKETCH 模式。在 SKETCH 模式,应用库中的元件,可以实现新系统的创建或者修改一个已经存在的系统。

2. SUBMODEL 子模型模式

当系统搭建完成后,就可以进入 SUBMODEL 模式,给系统元件选择子模型。若系统方案没有连接完整会提示无法进入。在子模型模式下我们可以给每个元件选择子模型。

3. PARAMETER 参数模式

在参数模式下可以:

(1) 检查或者修改子模型参数;

(2) 设置全局参数;

(3) 选择方案的一部分区域,显示出这一区域的共同参数;

(4) 设置批运行。

4. SIMULATION 仿真模式

在仿真模式下可以：

（1）初始化标准仿真运行和批仿真运行；

（2）绘制结果图；

（3）初始化当前系统的线性化；

（4）完成线性化系统的各种分析；

（5）完成活性指数分析。

五、使用小技巧

（1）当系统无法修改的时候，看看是否处于 SKETCH 模式。

（2）使用鼠标右键和中键可以快速进行元件的旋转和镜像。

（3）当液压系统搭建完整后，若不能顺利完成仿真，可检查系统是否缺少液压油图标🌢。

（4）遇到不懂的，可以点击菜单中的 Help，再点击 Online 可以得到帮助。

实验十六　基于 AMESim 的液压泵性能仿真实验

■一、实验目的■

掌握利用 AMEsim 软件平台建立液压泵性能仿真模型的方法。观察泵的工作压力、扭矩随负载变化的规律。

■二、实验仿真模型■

液压泵性能实验液压系统仿真模型如图 16-1 所示。

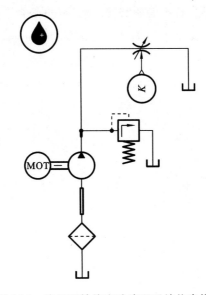

图 16-1　液压泵性能实验液压系统仿真模型

■三、建模步骤（参考）■

（1）基于 AMEsim 软件草图（SKETCH）模式，按照图 16-1 搭建液压泵性能实验液压系统仿真模型；

（2）进入子模型（SUBMODEL）模式，选择"Premier submodel"进行自动给定子模型设置；

（3）子模型设置成功后，进入参数设置（PARAMETER）模式，分别对各个元件进行参数设置。参数设置如下：电动机转速 1450 r/min，泵排量 8 cc（1 cc＝1 mL），溢流阀压力 70 bar，节流阀开度 K（0～1）为 0；

（4）参数设置完成后，进入仿真（SIMULATION）模式进行仿真实验。仿真结束后，用鼠标左键点击各个元件，查看各个元件处的压力、流量等结果参数，可将各个参数拖曳至主页面，查看该参数随仿真时间的变化规律。本实验中，点击液压泵，查看并记录泵出口压力 P、流量 Q、扭矩 M 和转速 n；

（5）调节节流阀开度 $K(0\sim1)$，给予液压泵不同负载，其他参数不变，重复步骤（4）。

四、实验报告

绘制液压泵的特性曲线，即泵的流量-压力曲线、容积效率曲线、总效率曲线等，并分析被试泵的性能。

实验十七 基于 AMESim 的节流调速回路调速性能仿真实验

一、实验目的

学习节流调速回路的仿真建模方法,学会应用批处理功能获得不同开度下调速回路的速度负载特性,比较节流阀和调速阀的工作性能。

当节流阀的结构形式和液压缸的尺寸确定之后,液压缸活塞杆的工作速度 v 与节流阀的通流截面积 A、溢流阀的调定压力(泵的供油压力)及负载 F 有关。调速回路中液压缸活塞杆的工作速度 v 和负载 F 之间的关系,称为回路的速度-负载特性。

当调定节流阀的开度后,负载均匀递增,同时测出相应的液压缸活塞杆的速度 v。

以速度 v 为纵坐标,以负载 F 为横坐标,用 AMESim 软件按调速方式作出各自的一组速度-负载特性曲线。

二、实验仿真模型

节流阀进口节流调速回路调速性能实验 AMESim 仿真模型如图 17-1 所示。

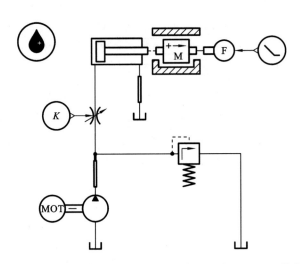

图 17-1 节流阀进口节流调速回路调速性能实验 AMESim 仿真模型

调速阀进口节流调速回路调速性能实验 AMESim 仿真模型如图 17-2 所示。

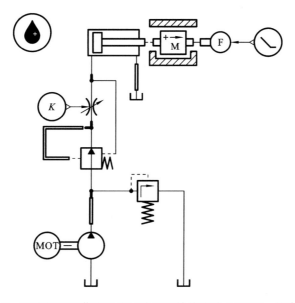

图 17-2 调速阀进口节流调速回路调速性能实验 AMESim 仿真模型

▓ 三、建模步骤 ▓

节流阀进口节流调速回路调速性能实验：

（1）基于 AMESim 软件草图（SKETCH）模式，按照图 17-1 搭建节流阀进口节流调速回路性能实验液压系统仿真模型。

（2）进入子模型（SUBMODEL）模式，选择"Premier submodel"进行自动给定子模型设置。

（3）子模型设置成功后，进入参数设置（PARAMETER）模式，分别对各个元件进行参数设置。参数设置如下：电动机转速 1450 r/min，泵排量 8 cc，溢流阀压力 63 bar，负载斜坡信号 0～3500 N，质量块位移 0～0.6 m，其余元件参数保持默认设置。

（4）在参数设置（PARAMETER）模式中运用批处理（study parameter）功能，设置节流阀开度 K 为 0.3～0.7。批处理功能有两种设置方式，如图 17-3 所示。

（5）参数设置完成后，进入仿真（SIMULATION）模式进行仿真实验。设置仿真时间为 5 s，仿真模式选为批处理模式，仿真参数设置如图 17-4 所示。

（6）仿真结束后，用鼠标左键点击质量块查看其速度，将速度参数拖曳至主页面，同时将负载斜坡信号拖曳至速度图中，并设置速度为纵坐标，负载为横坐标，得到速度-负载特性曲线。然后点击批处理图标 ⧉ ，得到节流阀不同开度下的 v-F 曲线。

调速阀进口节流调速回路调速性能实验 AMESim 仿真模型如图 17-2 所示，其实验步骤与节流阀进口节流调速回路调速性能实验相似。

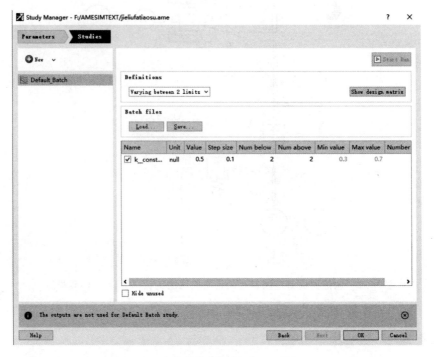

(a) 批处理设置方式一

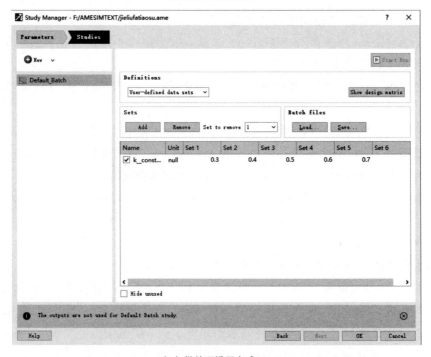

(b) 批处理设置方式二

图 17-3 节流阀开度 K 批处理设置

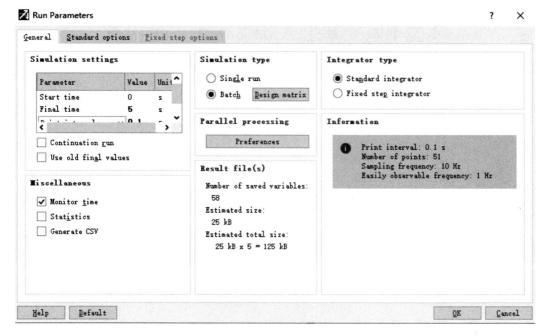

图 17-4 仿真参数设置

四、实验报告

绘制节流阀和调速阀在不同开度下的 $v\text{-}F$ 曲线,分析比较节流阀和调速阀进口节流调速回路的调速性能。

实验十八　基于 AMESim 的三位四通换向阀控制举升缸仿真实验

■一、实验目的■

为进一步熟悉 AMESim 软件的使用方法,本实验选取现实生产过程中比较常见的三位四通换向阀控制举升缸进行仿真实验。

三位四通换向阀控制举升缸原理:液压泵为整个系统提供动力,三位四通换向阀处于左、右、中工作位时分别控制液压缸向上、向下运动和停止,从而实现负载重物的举升和下降。

■二、实验仿真模型■

三位四通换向阀控制举升缸实验 AMESim 仿真模型如图 18-1 所示。

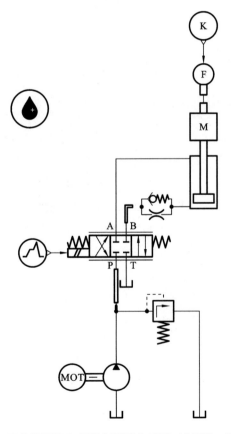

图 18-1　三位四通换向阀控制举升缸实验 AMESim 仿真模型

三、建模步骤

（1）基于 AMESim 软件草图（SKETCH）模式，按照图 18-1 所示搭建三位四通换向阀控制举升缸实验液压系统仿真模型。

（2）进入子模型（SUBMODEL）模式，选择"Premier submodel"进行自动给定子模型设置。

（3）子模型设置成功后，进入参数设置（PARAMETER）模式，分别对各个元件进行参数设置。参数设置如下：电动机转速 1450 r/min，泵排量 8 mL，溢流阀压力 63 bar，恒信号值 K 为 100。举升缸参数设置如图 18-2 所示，电磁阀阶段控制信号设置如图 18-3 所示，其余元件参数保持默认设置。

Parameters of actuatormass01 [HJ000-1]

Title	Value	Unit	Tags	Name
(#) pressure at port 1	0	bar		p1
(#) pressure at port 2	0	bar		p2
(#) rod velocity	0	m/s		v
(#) rod displacement	0	m		x
index of hydraulic fluid	0			indexf
piston diameter	50	mm		diamp
rod diameter	10	mm		diamr
length of stroke	0.3	m		stroke
dead volume at port 1 end	50	cm**3		dead1
dead volume at port 2 end	50	cm**3		dead2
total mass being moved	100	kg		mass
angle rod makes with horizontal	90	degree		theta
Coulomb friction force	0	N		coul
stiction force	0	N		stict
viscous friction coefficient	0	N/(m/s)		visc
leakage coefficient	0	L/min/bar		leak

图 18-2 举升缸参数设置

Parameters of piecewiselinear [UD00-1]

Title	Value	Unit	Tags	Name
number of stages	3			nstages
cyclic	no			iscyclic
time at which duty cycle starts	0	s		tstart
output at start of stage 1	0	null		start1
output at end of stage 1	0	null		end1
duration of stage 1	1	s		t1
output at start of stage 2	40	null		start2
output at end of stage 2	40	null		end2
duration of stage 2	5	s		t2
output at start of stage 3	-40	null		start3
output at end of stage 3	-40	null		end3
duration of stage 3	4	s		t3

Watch parameters Parameters of piecewiselinear [UD00-1] Watch variables

图 18-3 电磁阀阶段控制信号设置

（4）参数设置完成后，进入仿真（SIMULATION）模式进行仿真实验。设置仿真时间为10 s。仿真结束后，查看举升缸的位移、速度参数曲线，以及其他元件的各项参数曲线，分析各项参数曲线的变化规律。

■■四、实验报告■■

（1）绘制举升缸上下运动时的压力、速度、位移曲线。

（2）调节节流阀开度，观察举升缸下行过程中速度和压力的变化并绘制成曲线。

机械电气自动控制实验

实验十九　基于西门子 PLC 的运动控制实验

■ 一、实验目的 ■

(1) 理解运动控制系统的构成以及各组成部分的原理。

(2) 掌握电动机控制的方法,能够控制电动机实验直线运动。

(3) 掌握闭环运动控制的原理,了解运动控制中的反馈。

■ 二、实验设备 ■

序　号	仪器设备名称	数　量
1	控制器	1
2	步进电动机驱动器	1
3	步进电动机套装	1
4	安装有 TIA Portal V17 软件的电脑	1

■ 三、实验要求 ■

(1) 运动控制是机械工程的基础,我们必须深入了解运动控制系统的构成,以及电动机、驱动器、PLC、博途软件的原理和使用方法。

(2) 掌握搭建一个运动控制系统的方法,包括硬件连接和软件配置。

(3) 掌握设计闭环控制系统的方法,包括如何在系统中使用反馈以及系统传递函数的设计。

▓ 四、实验原理图 ▓

1. 运动控制概述

在工业和医疗领域中,最常见的电动机就是步进式、有刷式以及无刷式直流电动机,其实还有一些其他类型的电动机。每种电动机都需要有独立的输入信号来激励电动机,将电能转换成机械能。在最广义的范围内,运动控制可以帮助用户使用电动机(最大限度地满足用户的应用需求),而无须考虑所有激励电动机所需的低层次的激励信号。

另外,运动控制还具备一些高级功能,因此可以基于模块搭建高效地实现指定任务的应用,为一些常规任务提供解决方案,如精准定位、多轴同步,以及指定速度、加速度和减速度的运动,等等。

因为大多电动机的工作环境都是瞬时的,所以运动控制工具必须能够适应不同负载和动态条件,而这则需要依靠一些复杂的控制处理算法和机械系统的反馈信息。最后(但并不是最不重要的),运动控制的任务要求一般都比较严格,而且通常其所操控的机器还可能会伤及周围的人。因此,运动控制必须具备一些安全装置,如限位开关(limit switch)和 I/O 通道,用以收集状态信息并执行停止程序。

2. 运动控制系统组件

图 19-1 展示了运动控制系统的基本组成部分。

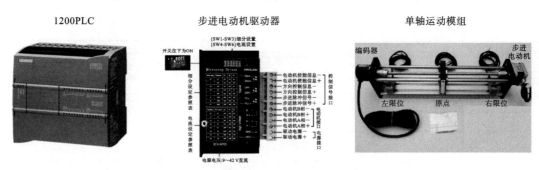

图 19-1 运动控制系统的基本组成部分

1) 西门子 1200PLC

PLC 即可编程序控制器。PLC 编程系统是一种数字运算操作的电子系统,专为在工业环境下应用而设计。它采用可编程序存储器,用来存储执行逻辑运算、顺序控制、定时、计数和算术运算等操作的指令,并通过数字式、模拟式的输入和输出,控制各种类型的机械或生产过程。PLC 及其有关设备,都应按易于使工业控制系统形成一个整体、易于扩充其功能的原则设计。

此实验使用西门子 1200PLC,参数如下:100 KB 工作存储器;24 V DC 电源,板载 DI14×24 V DC 漏型/源型,DQ10×24 V DC 和 AI2;板载 6 个高速计数器和 4 个脉冲输出;信号板扩展板载式 I/O;最多 3 个通信模块用于串行通信;最多 8 个信号模块用于 I/O 扩展;可作为 PROFINET IO 控制器,遵循 TCP/IP 传输协议,可支持开放式用户安全通信、S7 通信,支持 Web 服务器,集成了 OPC UA 功能,可实现服务器 DA 等功能。

2）步进驱动器及步进电动机套装

（1）步进电动机参数：电流 1.2～1.5 A，步距角 1.8°，200 脉冲/圈。

（2）步进电动机接线：红 A＋，蓝 A－，绿 B＋，黑 B－。

（3）滑台丝杠螺距：4 mm/圈。

（4）传感器类型：三线制，NPN 常开（NPN、PNP 类型可选择）。

（5）传感器接线：棕 24＋，蓝 24－，黑（信号输出）。

（6）编码器类型：光电增量式，AB 两相，600 脉冲/圈，默认 NPN。

（7）编码器接线：红 24＋，黑 24－，白 A 脉冲，绿 B 脉冲。

（8）驱动器说明：脉冲方向使能端口不需要串联电阻。

▮ 五、实验内容与步骤 ▮

1. 信号连接

运动控制系统主要由三部分组成：PLC、驱动器和步进单轴运动模组。三个部分通过导线来连接，其中，PLC 与步进电动机的接线如图 19-2 及图 19-3 所示。

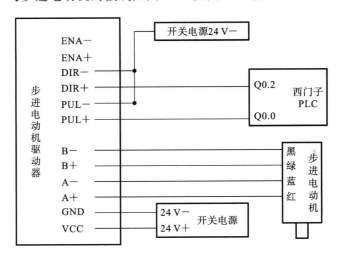

图 19-2　PLC 与步进电动机的接线（前部）

注意事项：电动机电流严格按照给出的参数设置，与驱动器设置的电流相对应。步进电动机最高转速为 600 r/min。初次调试转速经计算不应超过电动机最高转速。

关于限位传感器（接近式）：NPN 类型传感器感应时输出低电平信号，PNP 类型传感器感应时输出高电平信号。当西门子 PLC 使用 NPN 类型传感器及编码器时，输入点的公共端（1M……）接 24V－。

2. 在 TIA Portal V17 软件中配置运动控制系统

（1）打开 TIA Portal V17 软件。

（2）添加 1200PLC 设备，见图 19-4。

（3）添加工艺对象，如图 19-5 所示，并设置参数。

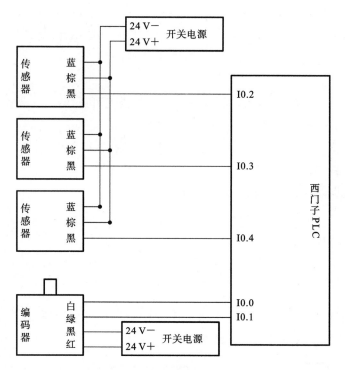

图 19-3 PLC 与步进电动机的电气接线(后部)

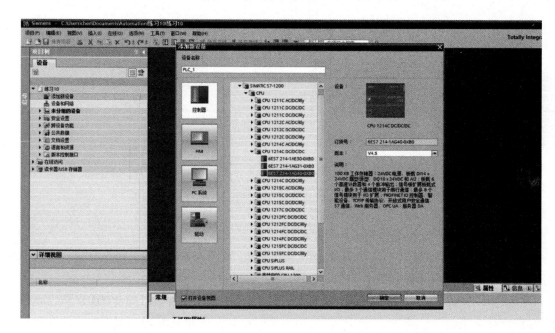

图 19-4 添加 1200PLC 设备

3. 编程控制及人机界面(human machine interface,HMI)组态要求

(1)按下启动按钮,电动机启动,刚启动时滑块向左移动。

(2)向右行驶遇到第一个位置检测传感器 SE1,滑块停下,指示灯 HL1 慢(1 Hz)闪烁 1
次,然后滑块继续向右移动。

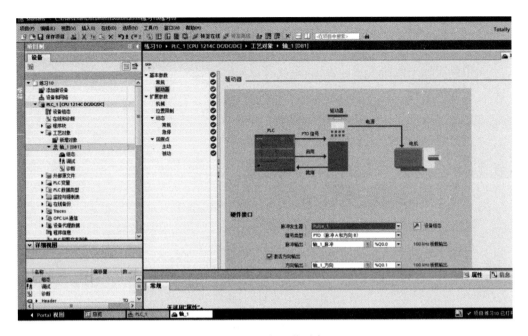

图 19-5　添加工艺对象

（3）向右行驶遇到第二个位置检测传感器 SE2，滑块停下，指示灯 HL2 慢（1 Hz）闪烁 2 次，然后滑块向左移动。

（4）向右行驶遇到第三个位置检测传感器 SE3，滑块停下，指示灯 HL3 慢（1 Hz）闪烁 3 次，然后滑块继续向左移动。

（5）向左行驶遇到第一个位置检测传感器 SE2，滑块停下，指示灯 HL1 快（2 Hz）闪烁 1 次，滑块掉头向右移动。然后从第（1）步继续循环运行。

（6）在任何时候按下停止按钮，电动机停止，灯的闪烁也暂停。

（7）再次按下启动按钮，电动机重新启动，滑块按照停止之前的方向继续移动。

4．实验完成

实验完成后，记录数据，断电，然后拆线并分类整理放回箱子。

六、实验报告

（一）实验目的

（二）实验原理

（三）实验数据记录及处理

打印出不同参数设置下电动机运动的速度曲线、位移曲线，至少 5 组。

（四）分析不同参数设置下电动机运动的效果

（五）结合实验遇到的问题谈谈你对实验的看法

（六）思考题

（1）如果把步进电动机换成伺服电动机，此实验的哪些步骤需要做出更改？如何更改？

（2）如果要实现平面曲线运动控制，系统又该如何设置？

■■七、实验改进（自学、选做）■■

（1）设置简易的机构，让电动机带动机构运动。

（2）同时连接两个电动机，实现曲线运动。

实验二十　自动化立体仓库虚拟调试控制实验

■ 一、实验目的 ■

（1）理解自动化立体仓库系统的构成以及各组成部分的原理。

（2）掌握自动化立体仓库虚拟调试的方法，能够控制自动化立体仓库的出库入库与自动存储货物。

（3）掌握自动化立体仓库 PLC 编程与 HMI 组态。

■ 二、实验设备 ■

序　号	仪器设备名称	数　量
1	虚拟调试 VC 仿真平台	1
2	NX-MCD 机电一体化概念设计软件	1
3	自动化立体仓库三维模型	1

■ 三、实验要求 ■

（1）自动化立体仓库是机械工程的基础，我们必须深入了解自动化立体仓库系统的构成，以及电动机、驱动器、自动化立体仓库卡、自动化立体仓库软件的原理和使用方法。

（2）掌握搭建一个自动化立体仓库系统的方法，包括硬件连接和软件配置。

（3）掌握设计闭环控制系统的方法，包括如何在系统中使用反馈，以及系统传递函数的设计。

■ 四、实验原理图 ■

1. 自动化立体仓库概述

自动化立体仓库是现代物流系统中迅速发展的一个重要组成部分，主要由高层货架、巷道堆垛机、堆垛机控制器、一体式触摸终端系统组成。西门子 RFID 识别、出入库辅助设备及巷道堆垛机能够在计算机管理下，完成货物的出入库作业，实现存取自动化，并能对库存的货物进行自动化管理；大大提高了仓库的单位面积利用率，提高了劳动生产率，降低了劳动强度，减小了货物信息处理的差错率，能合理有效地进行库存控制。

2. 自动化立体仓库系统组件

自动化立体仓库系统组件如图 20-1 所示。

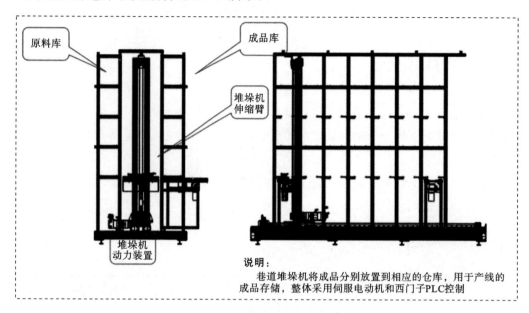

原料库

成品库

堆垛机
伸缩臂

堆垛机
动力装置

说明：
　巷道堆垛机将成品分别放置到相应的仓库，用于产线的
成品存储，整体采用伺服电动机和西门子PLC控制

图 20-1　自动化立体仓库系统组件

（1）货架：用于存储货物的铝型材结构，主要有焊接式货架和组合式货架两种基本形式。

（2）托盘（货箱）：用于承载货物的器具，亦称工位器具。

（3）巷道堆垛机：可自动存取货物的设备，按结构分为单立柱和双立柱两种基本形式；按服务方式分为直道、弯道和转移车三种基本形式。

（4）输送机系统：立体仓库的主要外围设备，负责将货物运送到堆垛机或从堆垛机将货物移走。输送机种类非常多，常见的有辊道输送机、链条输送机、升降台、分配车、提升机、皮带机等。

（5）仓库自动控制系统（WCS）：指驱动自动化立体仓库系统各设备的自动控制系统，控制模式主要采用现场总线方式。

（6）仓库信息管理系统（WMS）：是自动化立体仓库系统的核心，可以与其他系统（如 ERP系统等）联网或集成。

3. 自动化立体仓库虚拟调试架构

1）虚拟调试 VC 仿真平台

虚拟调试 VC 仿真平台用于连接机电一体化概念设计（MCD）仿真软件，实现对自动化立体仓库的虚拟调试。它能够将 PLC 逻辑程序和 HMI 逻辑程序的程序代码直接下载到虚拟仿真调试机，实时仿真验证虚拟生产线的运行情况，进行虚拟试生产；能够对 PLC 逻辑程序、HMI 逻辑程序、立体仓库运动仿真进行虚拟调试，支持 HMI 编程组态，支持工业通信网络设置，集成系统存储卡，实现数据自动备份，支持 PLC 编程、PLC 代码验证。

2）机电一体化概念设计软件

西门子 NX-MCD 机电一体化概念设计（NX- mechatronics concept designer）是一款专门用来加速产品设计及运动仿真的多学科系统应用平台的软件。它集成上游和下游工程领域，基于系统级产品需求、性能需求等,提供了针对由机械部件、电气部件和软件自动化所组成的产品概念模型进行功能设计的途径。机电一体化概念设计软件允许运用机械原理、电气原理和自动化原理实现早期概念设计,加快机械、电气和软件设计学科产品的开发速度,并使得这些学科能够协同工作。

　　在此实验中,我们运用 MCD 软件对立体仓库进行虚拟建模仿真,搭建立体仓库物理环境,验证机械结构,设置运动参数,配置相关电气参数等。

　　自动化立体仓库虚拟调试架构如图 20-2 所示。

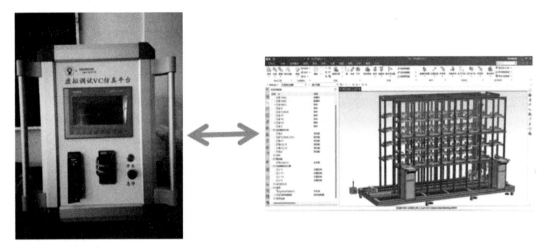

（a）虚拟调试VC仿真平台　　　　　　　　　（b）MCD机电一体化概念设计软件

图 20-2　自动化立体仓库虚拟调试架构

五、实验内容与步骤

　　首先根据立体仓库的工艺要求在博途中编写 PLC 程序及组态 HMI,并下载到虚拟调试 VC 仿真平台,然后通过 OPC UA 协议建立与 MCD 机电一体化概念设计软件的通信,并完成立体仓库的信号映射。

　　(1)检查信号匹配。在 MCD 中检查信号是否完全映射,并确认 PLC 信号与 MCD 中的设备信号是否一致,见图 20-3。

　　(2)确认外部信号配置成功,虚拟调试 VC 仿真平台与 MCD 机电一体化概念设计软件是通过 OPC UA 通信方式进行信号关联的。

　　(3)观察立体仓库三色灯是否已经亮起,亮起则表示设备正常开启。点击触摸屏 Start 按钮进入主界面,点击设备管理按钮进入手动调试模式页面,见图 20-4。

　　(4)手动移动轴。手动移动轴操作必须在手动模式下进行,首先把左上角旋钮开关旋转到手动模式,点击轴激活按钮并等待其指示灯亮起,在水平方向、伸叉方向、垂直方向对应的轴速度栏输入对应的速度,按下右边对应的方向箭头即可对轴进行手动移动,见图 20-5。若需要改变速度,则在速度栏输入对应的值即可。(注意:手动移动轴必须先观察再操作,注意安全,谨防撞击;必须在手动模式下且轴激活按钮亮起并输入一定速度后才可以手动移动轴。)当

图 20-3　信号映射检查

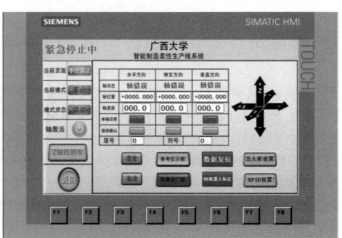

图 20-4　手动调试模式页面

轴状态显示轴错误的时候,可以通过点击对应轴的错误按钮来解决。

（5）恢复出厂值。恢复出厂值按钮主要用于仓位位置数据丢失后的恢复,也可用于仓位位置数据需要调整的情况。首先将模式调为手动,点击轴激活按钮并等待其指示灯亮起,然后输入有效的层号、列号,选择左右仓,此时恢复出厂值按钮会亮起,按下 1 s 左右松开即可。

（6）数据复位。数据复位按钮主要用于手动模式下出库和入库运行过程中出现异常终止

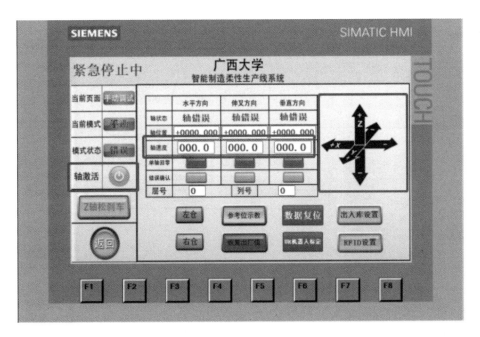

图 20-5　手动移动轴界面

后需要重新开始的情况(等同于复位操作按钮),急停按钮按下后需要重新复位也可以使用此按钮。数据复位界面见图 20-6。

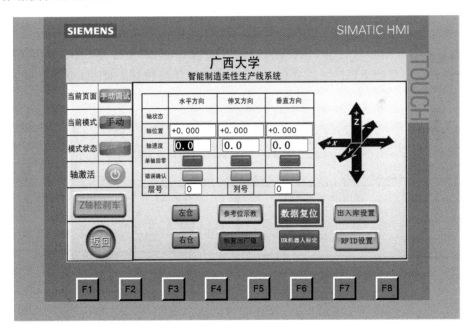

图 20-6　数据复位界面

(7) 出入库设置。出入库设置界面见图 20-7。首先检查旋钮开关是否在手动模式下,观察当前模式是否显示手动,模式状态是否显示有效,点击轴激活按钮并等待其指示灯亮起;若轴激活按钮指示灯已经亮起则不需要点击,输入有效的层号、列号,选择左右仓,观察入库、出库按钮是否亮起,亮起则允许操作,此时点击对应的出、入库按钮即可。运行过程中不允许任何操作,若发生紧急情况,请迅速按下急停按钮。急停解除后返回上一级页面长按数据复位按钮复位流程。

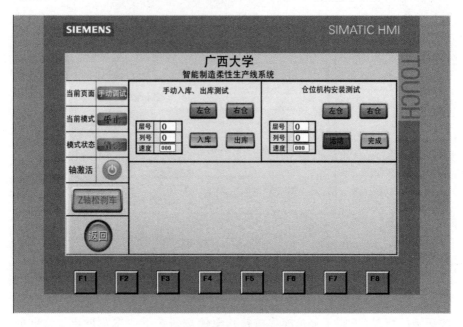

图 20-7　出入库设置界面

（8）RFID 设置。主要功能是对 RFID 芯片数据进行显示、写入、复位。立体仓库读写头分别装在立体仓库的左右接驳台上,当芯片靠近读写头并且能被感应到时,进场指示灯亮起,此时显示区显示芯片内容。在写入区输入对应数据,点击手动写入按钮即可对芯片进行数据写入。需要对 RFID 进行复位时,点击 RFID 复位按钮。RFID 设置界面如图 20-8所示。

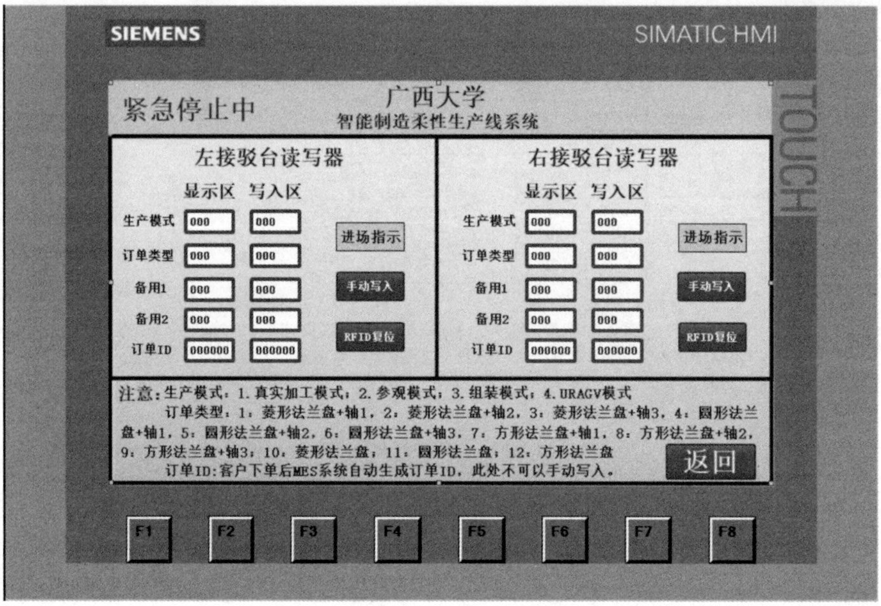

图 20-8　RFID 设置界面

六、实验报告

（一）实验目的

（二）实验设备

（三）实验原理

（四）打印

打印出对立体仓库堆垛机编写的 PLC 程序及设置的 HMI 参数。

（五）分析不同参数设置下立体仓库运动的情况

（六）结合实验遇到的问题谈谈你对实验的看法

（七）思考题

（1）如果把虚拟立体仓库换成真实的立体仓库设备，此实验的哪些步骤需要做出更改？如何更改？

（2）如果接入 WMS 仓库管理软件，系统又该如何设置？

七、实验改进（自学、选做）

（1）在 MCD 软件中修改立体仓库的相关参数，再进行虚拟调试并观察其效果。

（2）尝试用其他通信方式，实现 MCD 软件与虚拟调试 VC 仿真平台的连接。

实验二十一 智能装配线虚拟调试实验

▮ 一、实验目的 ▮

（1）理解智能装配线的工作原理。
（2）掌握智能装配线的 PLC 编程与 HMI 组态。
（3）掌握智能装配线虚拟调试的方法。

▮ 二、实验设备 ▮

序　号	仪器设备名称	数　量
1	虚拟调试 VC 仿真平台	1
2	NX-MCD 机电一体化概念设计软件	1
3	自动化立体仓库三维模型	1

▮ 三、实验要求 ▮

（1）了解智能装配线的结构组成。
（2）掌握智能装配线的工作原理。
（3）熟悉智能装配线各个单元的反馈与控制信号。
（4）掌握智能装配线的 PLC 编程与 HMI 组态。
（5）领悟智能装配线 NX-MCD 软件虚拟调试仿真的方法。

▮ 四、实验原理图 ▮

1. 智能装配线概述

全自动装配包装产线是柔性制造系统中最为典型的一种机电一体化、自动化类单元，设备由 UR 机器人单元、上轴承单元、上轴单元、卡簧组装单元、激光打标单元、转盘单元组成。它可以根据智能制造工厂实际生产情况结合高校人才培养研制开发，用于机械制造及其自动化、机电一体化、电气工程及自动化、控制工程、测控技术、计算机控制、自动化控制等相关专业的教学和培训。

2. 智能装配线工作原理

UR 机器人单元拿料到转盘单元与上轴单元，转盘单元旋转将物料传输到对应的单元（上轴承单元、上轴单元、卡簧组装单元、激光打标单元)工作,然后回到原始位置,UR 机器人单元放料到开始位,则一个流程完成。

(1) 按下启动按钮,UR 机器人执行"取法兰座到转盘上料位"动作,以及"取轴到上轴机构"动作,UR 机器人取完料回待机位。

(2) 转盘传送物料到上轴承机构,机构对应装配轴承。

(3) 转盘传送物料到上轴机构,机构对应装配轴。

(4) 转盘传送物料到卡簧组装机构,机构对应装配卡簧。

(5) 转盘传送物料到激光打标机构,机构对应对物料定制激光雕刻图案。

(6) 转盘传送物料到上料位,UR 机器人取回法兰座到初始托盘位,即完成一个流程。

智能装配线组件如图 21-1 所示。

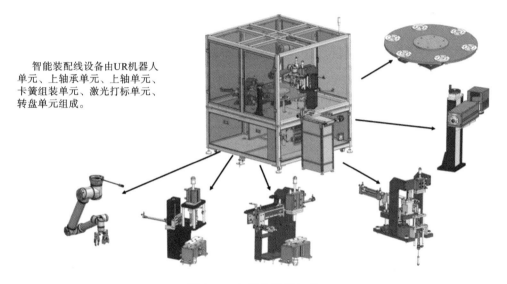

智能装配线设备由UR机器人单元、上轴承单元、上轴单元、卡簧组装单元、激光打标单元、转盘单元组成。

图 21-1　智能装配线组件

3. 智能装配线虚拟调试架构

智能装配线虚拟调试架构见图 21-2。

1) 虚拟调试 VC 仿真平台

虚拟调试 VC 仿真平台用于连接 MCD 机电一体化概念设计仿真软件,实现对智能装配线的虚拟调试。它能够将 PLC 逻辑程序和 HMI 逻辑程序的程序代码直接下载到虚拟仿真调试机,实时仿真验证虚拟生产线的运行情况,进行虚拟试生产;能够对 PLC 逻辑程序、HMI 逻辑程序、智能装配线运动仿真进行虚拟调试,支持 HMI 编程组态,支持工业通信网络设置,集成系统存储卡,实现数据自动备份,支持 PLC 编程、PLC 代码验证。

2) 机电一体化概念设计

西门子 NX-MCD 机电一体化概念设计(NX-mechatronics concept designer)是一款专门用来加速产品设计及运动仿真的多学科系统应用平台的软件。它集成上游和下游工程领域,基于系统级产品需求、性能需求等,提供了针对由机械部件、电气部件和软件自动化所组成的产品概念模型进行功能设计的途径。机电一体化概念设计软件允许运用机械原理、电气原理和自动化原理实现早期概念设计,加快机械、电气和软件设计学科产品的开发速度,并使得这

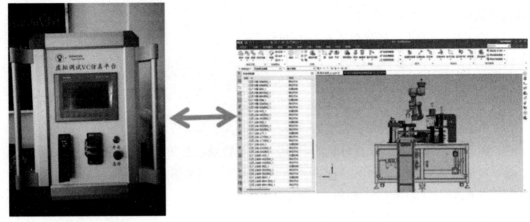

（a）虚拟调试VC仿真平台　　　　　　（b）MCD 机电一体化概念设计软件

图 21-2　智能装配线虚拟调试架构

些学科能够协同工作。

在此实验中，我们运用 MCD 软件对智能装配线进行虚拟建模仿真，搭建智能装配线物理环境，验证机械结构，设置运动参数，配置相关电气参数等。

■ 五、实验内容与步骤 ■

首先根据智能装配线的工艺要求在博途中编写 PLC 程序及组态 HMI，并下载到虚拟调试 VC 仿真平台，然后通过 OPC UA 协议建立与 MCD 机电一体化概念设计软件的通信，并完成智能装配线的信号映射。

1. 外部通信建立

通过 1500PLC 自带的 OPC UA 通信协议，搭建与 MCD 机电一体化概念设计软件的信号通道，并选择要映射的信号，见图 21-3。

2. 信号映射

信号映射主要是完成信号匹配，比如，PLC 中控制上轴承单元气缸信号地址要与 MCD 中上轴承单元气缸信号地址对应起来，见图 21-4。

3. 启动机器人

机器人开机完成后即可允许进行机器人的手动操作以及数据设置，如果需要组装程序，就加载 assemble_rob_por.urp 程序。触摸屏初始界面见图 21-5。

4. PLC 移动示教器开启

观察组装台三色灯是否亮起，若亮起则表示 PLC 开启成功。

5. 进入手动操作界面

点击设备管理按钮，进入手动操作界面（见图 21-6），设备管理页面涵盖了所有可运动部件以及可执行机构的点动运行，当局部机构发生异常需要点动运行时，把左上角旋钮开关打到手动模式后再点击气缸伸/缩动作即可，同时状态指示灯栏会对应显示。

图 21-3 外部通信建立

6. 手动模式点动控制

把旋钮开关打到手动模式,若需要迷你气缸伸,点击迷你气缸伸的动作框按钮,待伸到位后状态栏的绿灯同时亮起(注意:无料时气缸伸出的行程与有料时气缸伸出的行程不一致,状态栏的指示灯以有料时伸出为准)。若需要迷你气缸缩,则点击迷你气缸缩的动作框按钮,观察其动作。

六、实验报告

(一)实验目的

(二)实验设备

(三)实验原理

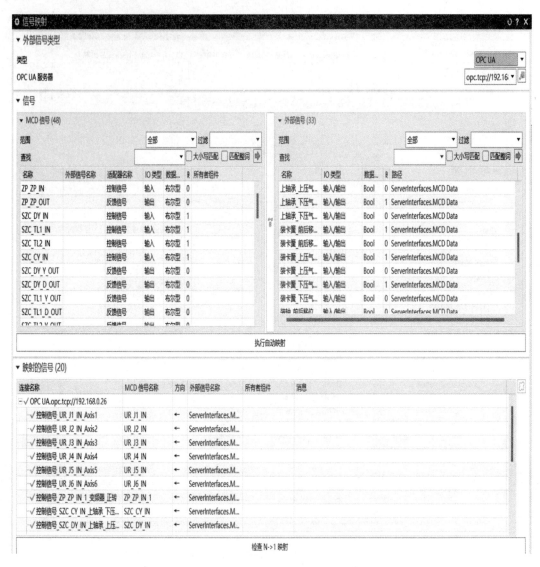

图 21-4　信号映射

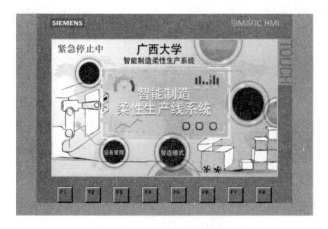

图 21-5　触摸屏初始界面

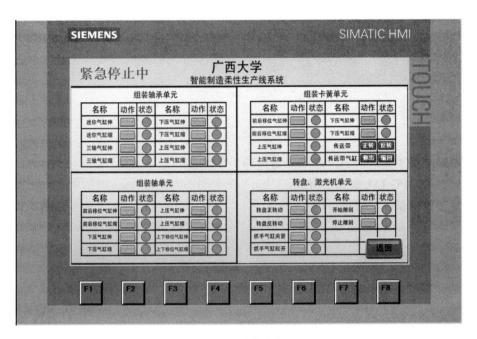

图 21-6　手动操作界面

（四）打印

打印出 UR 机器人单元、上轴承单元、上轴单元、卡簧组装单元、激光打标单元、转盘单元的 PLC 程序及 HMI 参数。

（五）说明虚拟调试与实物调试之间的关系

（六）结合实验遇到的问题谈谈你对实验的看法

（七）思考题

（1）思维拓展：用不同的设备做不同的仿真。
（2）思维创新：根据自己的想法设计自己的设备并完成仿真。
（3）逻辑创新：根据已学的仿真甘特图对应编写 PLC 程序。
（4）专业创新：明白传统自动化与现代自动化设备的优缺点。

七、实验改进（自学、选做）

完成自动模式下智能装配线的仿真过程。

实验二十二　西门子 828D 与 1500PLC 通信实验

一、实验目的

（1）理解西门子 828D 与 1500PLC 通信的工作原理。

（2）掌握用 OPC UA 通信的方式。

（3）掌握数控系统的数据读取方法。

二、实验设备

序　号	仪器设备名称	数　量
1	虚拟调试 VC 仿真平台	1
2	机电一体化调试平台	1
3	网线	2 根

三、实验要求

（1）了解西门子 828D 与 1500PLC 通信的结构组成。

（2）掌握西门子 828D 与 1500PLC 通信的工作原理。

（3）熟悉西门子 828D 与 1500PLC 之间的反馈与控制信号。

四、实验原理图

1. 端口介绍

西门子 828D 系统提供两个以太网端口：X127（系统正面），用于服务调试；X130（系统背面），用于连接工厂网络。

1）X127 服务调试端口

X127 的 IP 地址为 192.168.215.1，它作为 DHCP 服务器，为连接上的计算机分配 IP 地址。计算机网卡的 IP 地址必须设为自动获得，系统可分配的 IP 地址从 192.168.215.2 到 192.168.215.9，最多可同时连接 8 台计算机。

2）X130 工厂网络端口

X130 可设为 DHCP 客户端，也可以设为手动设置 IP 地址。如果设为 DHCP 客户端，则系统不能与计算机直接相连,必须通过一个 DHCP 服务器连接,这个服务器一般为路由器,此时计算机网卡的 IP 地址应设为自动获得。如果 X130 设为手动设置 IP 地址,需要手动将 X130 的 IP 地址和计算机网卡的 IP 地址设为同一网段,此时系统可以直接连接到计算机。设置 IP 地址时应避开 192.168.215.x(X127 占用)和 192.168.214.x(ProfiNet 占用)。

2. 什么是 OPC

OPC 是一种工业软件接口规范,统一架构(unified architecture,UA)是 OPC 下一代的通信标准。OPC UA 旨在提出一个企业制造模型的统一对象和架构定义,具有跨平台、增强命名空间、支持复杂数据内置、拥有大量通用服务等新特点。OPC 软件接口如图 22-1 所示。

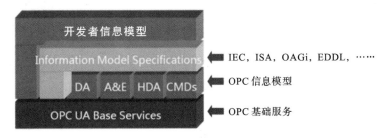

图 22-1　OPC 软件接口

3. OPC UA 功能

(1) 数据存取(data access,DA)。

(2) 报警和事件(alarm & events,A&E)。

(3) 历史记录(historical data access,HDA)。

(4) 指令(commands,CMDs)。

4. SINUMERIK OPC UA

SINUMERIK 828D 内部集成了 OPC UA 服务器,支持上位机通过 OPC UA 通信协议访问数控系统内部的数据,支持访问的数据包括:

(1) PLC 数据:机床状态;DB 数据块;输入输出信号状态。

(2) CNC 系统数据:数控系统状态信息,例如轴坐标、进给量、主轴转速等;刀具信息,例如刀具长度、磨损量、刀号等;加工相关信息,例如当前激活程序、加工时间、加工件数等;报警信息,例如报警号、报警内容等;R 参数;机床参数。

5. 西门子 828D 与 1500PLC 虚拟调试架构

西门子 828D 与 1500PLC 虚拟调试架构见图 22-2。

1) 虚拟调试 VC 仿真平台

虚拟调试 VC 仿真平台中的 1500PLC 模块具有功能强大的 PROFINET 接口,遵循 TCP/IP 传输协议,可支持开放式用户安全通信,支持 S7 通信服务和 S7 路由功能,支持 IP 转发、Web 服务器、DNS 客户端;可作为 PROFINET IO 控制器,支持 RT(real-time)通信(实时通信)/IRT(isochronous real-time)通信功能(同步实时通信);集成了 OPC UA 功能,可实现服务器 DA、客户端 DA 等功能。在本实验中,我们运用 OPC UA 通信协议功能完成实验。

2) 机电一体化调试平台

机电一体化调试平台是机电一体化和测试技术的有机结合,系统集成了机电控制,通信及

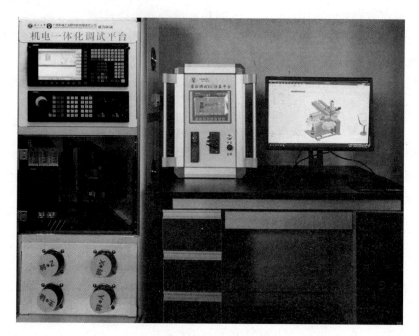

图 22-2　西门子 828D 与 1500PLC 虚拟调试架构

监控,电动机驱动,运动控制,计算机控制等技术,全面锻炼学生的动手实操能力、团队协作能力以及思维创新能力。

　　机电一体化调试平台采用模块化开放式结构,配置 PLC 硬件模块、数控系统、伺服电动机及驱动器模块、信号灯模块,结合机电一体化软件,它根据实验需求自由搭建一个具有交互功能的机电一体化系统。系统可以实现与实际环境一致的物理性能、电气通信、运动控制以及动作功能,可实现多种控制方式融为一体,同一种负载模型可以通过多种驱动方式进行控制,以培养学生的创新思路和技能。该系统主要用于机电一体化设备的设计开发与调试、运动控制、机电及自动化等综合实践课程。

▊五、实验内容与步骤▊

　　根据西门子 828D 与 1500PLC 的通信需要,分别在数控系统与 1500PLC 上进行 OPC UA 接口的配置。

　　1. 手动设置 X130 端口 IP 地址

　　依次选择"诊断""TCP/IP 总线""TCP/IP 诊断""更改"按钮进行 IP 地址设置,即 [诊断] →
[TCP/IP 总线] → [TCP/IP 诊断] → [更改] ,见图 22-3。

　　设置固定(手动方式)IP 地址,以及子网掩码。点击确认按钮,硬件断电重新上电后设置的 IP 地址生效。通常在实现功能之前,需要先设置网络端口的 IP 地址。

　　2. OPC 服务器配置

　　SINUMERIK OPC UA 功能需启动系统的 MiniWeb Server。内置的 HMI 只能使用 X130 以太网端口。

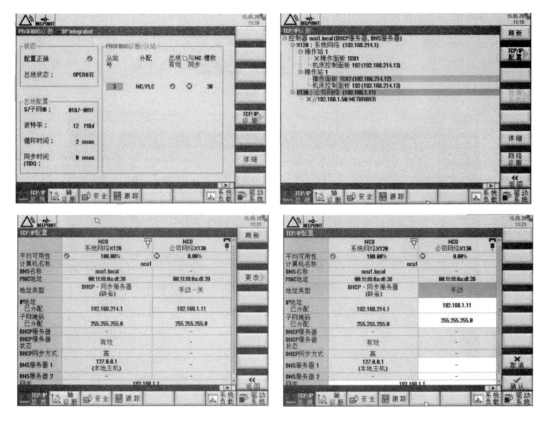

图 22-3　手动设置 IP 地址

选择 调试 → 授权 → 全部选件，搜索 OPC UA 选项，确认该选项已勾选，见图 22-4。

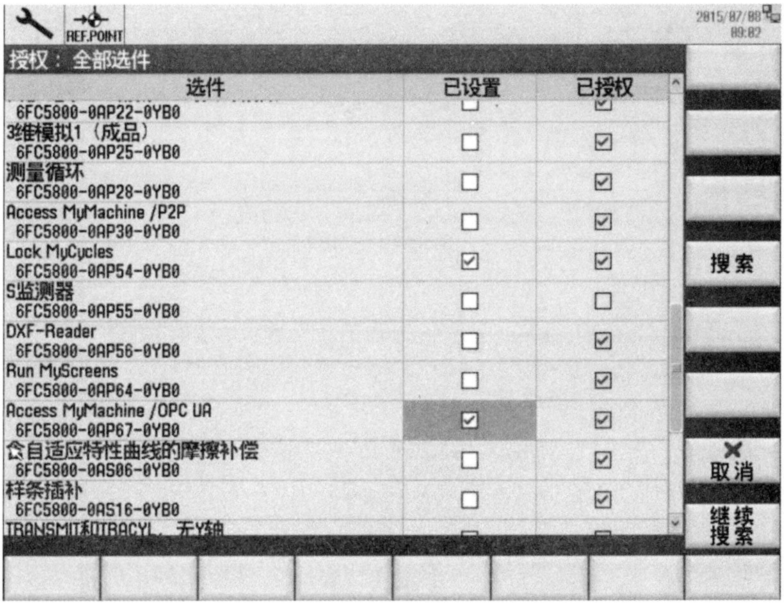

图 22-4　勾选 OPC UA 选项

3. 设置 MiniWeb 使用的以太网端口

MiniWeb Server 只能用于 X130 以太网端口,先按照前文所述设定 X130 的 IP 地址,再设定服务器端口。依次选择 [调试] → [网络] → [公司网络] → [更改▶],在"更多端口"一栏中设置 Mini-Web 使用的端口 TCP/4840,如图 22-5 至图 22-7 所示。

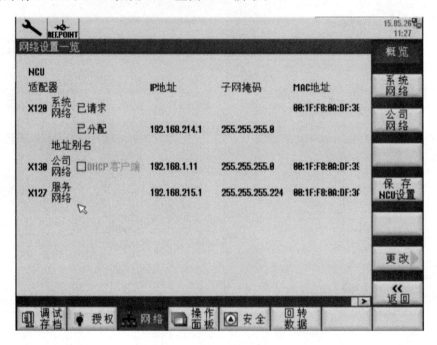

图 22-5   设定服务器端口

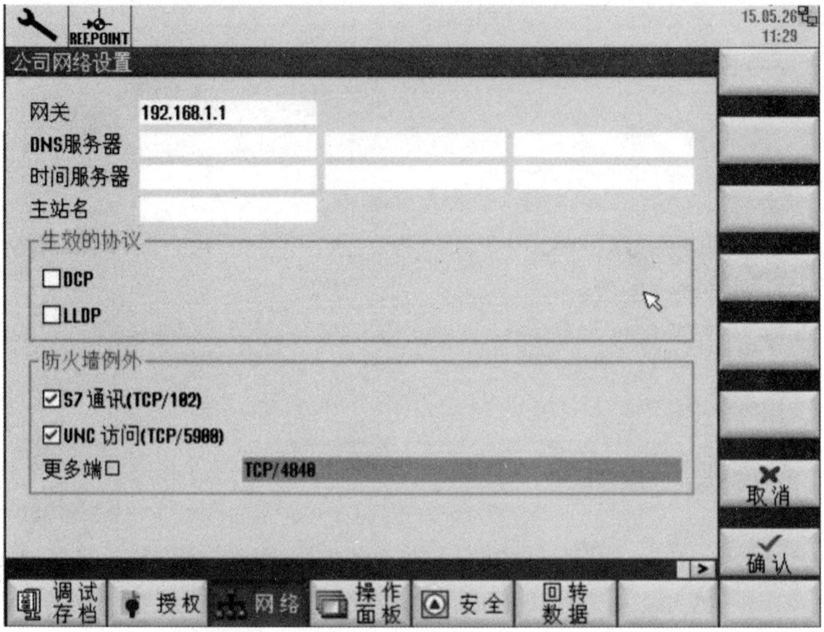

图 22-6   确认端口

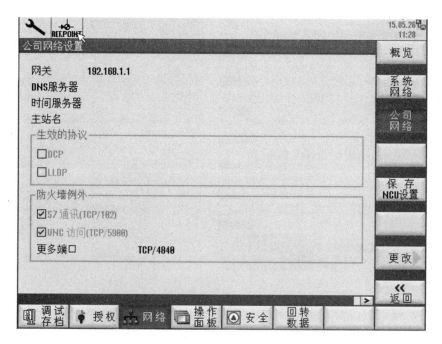

图 22-7 端口设置完成

4. 启动 MiniWeb

选择配置样例文件：依次选择 ![调试] → ![系统数据]，浏览 HMI 数据—模板—举例，选择相应的配置样例文件。

内置 HMI：MiniWeb_linemb_systemconfiguration. ini（828D 使用及 840Dsl TCU＋NCU 配置）。

Windows7 操作系统：MiniWeb_win7_systemconfiguration. ini（840Dsl PCU＋NCU 配置，Windows7 平台）。

WindowsXP 操作系统：MiniWeb_winxp_systemconfiguration. ini（840Dsl PCU＋NCU 配置，WindowsXP 平台）。

拷贝配置样例文件到 HMI 数据\设置\制造商目录下，实际上文件拷贝到系统 CF 卡\oem\Sinumerik\hmi\cfg 目录下。配置文件目录如图 22-8 所示。

例：使用内置 HMI，拷贝 MiniWeb_linemb_systemconfiguration. ini 文件。更改文件名称为 systemconfiguration. ini。选择文件，点击属性按钮，修改文件名称为 systemconfiguration. ini。

5. 配置 MiniWeb Server 的 IP 地址

模板的文件：系统 CF 卡\siemens\sinumerik\hmi\miniweb\System\WebCfg\OPC_UAApplication. xml。

模板文件目录见图 22-9。

拷贝模板文件到系统 CF 卡\oem\SINUMERIK\hmi\miniweb\WebCfg 目录下，见图 22-10。

在 OPC_UAApplication. xml 文件中配置 MiniWeb Server 的 IP 地址。文件中已经说明，使用 X130 的 IP 地址，替换文件中所有的 localhost，总共有 3 处，见图 22-11。

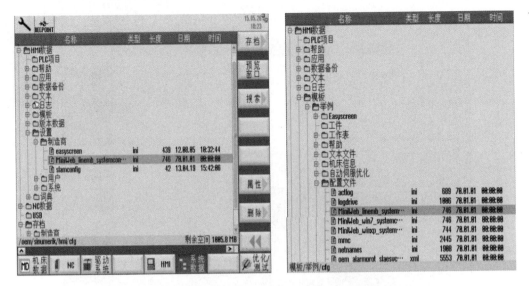

图 22-8　配置文件目录

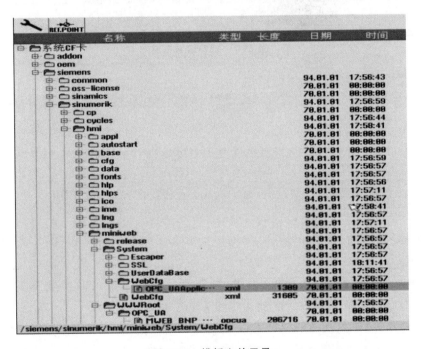

图 22-9　模板文件目录

替换完毕的文件见图 22-12。

6. 激活 OPC UA 服务器

选择 调试 → 网络 → OPC UA，设置管理员及密码，并激活 OPC UA（见图 22-13），系统重新上电后生效。

7. 测试 OPC UA 服务器

打开博途软件，并添加 1511-PN PLC，修改 PLC 地址让其网络 IP 地址与 828D 数控系统的保持一致，然后配置 PLC 的 OPC UA 通信，如图 22-14 所示。

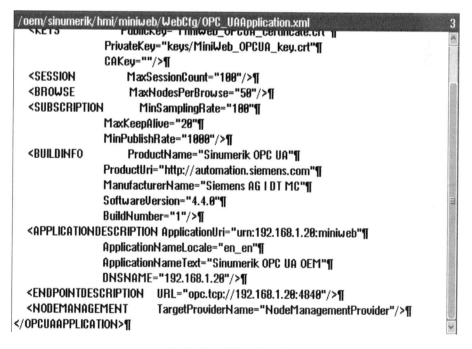

图 22-10 系统文件目录

```
/oem/sinumerik/hmi/miniweb/WebCfg/OPC_UAApplication.xml
<?xml version="1.8" standalone="yes"?>
<OPCUAAPPLICATION>

    <!-- external OPC UA-client -> replace all "localhost" with IPv4-address or DNS-name from host -->
```

图 22-11 localhost 位置

```
/oem/sinumerik/hmi/miniweb/WebCfg/OPC_UAApplication.xml                    3
<KEYS              PublicKey="miniweb_OPCUA_certificate.crt"
                   PrivateKey="keys/MiniWeb_OPCUA_key.crt"
                   CAKey=""/>
<SESSION           MaxSessionCount="100"/>
<BROWSE            MaxNodesPerBrowse="50"/>
<SUBSCRIPTION      MinSamplingRate="100"
                   MaxKeepAlive="20"
                   MinPublishRate="1000"/>
<BUILDINFO         ProductName="Sinumerik OPC UA"
                   ProductUri="http://automation.siemens.com"
                   ManufacturerName="Siemens AG I DT MC"
                   SoftwareVersion="4.4.8"
                   BuildNumber="1"/>
<APPLICATIONDESCRIPTION ApplicationUri="urn:192.168.1.20:miniweb"
                   ApplicationNameLocale="en_en"
                   ApplicationNameText="Sinumerik OPC UA OEM"
                   DNSNAME="192.168.1.20"/>
<ENDPOINTDESCRIPTION    URL="opc.tcp://192.168.1.20:4840"/>
<NODEMANAGEMENT    TargetProviderName="NodeManagementProvider"/>
</OPCUAAPPLICATION>
```

图 22-12 替换完毕的文件

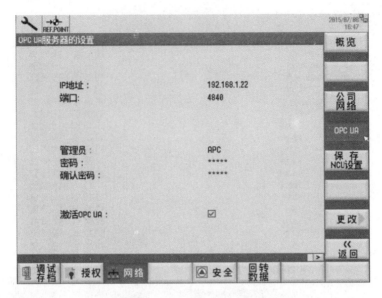

图 22-13　激活 OPC UA

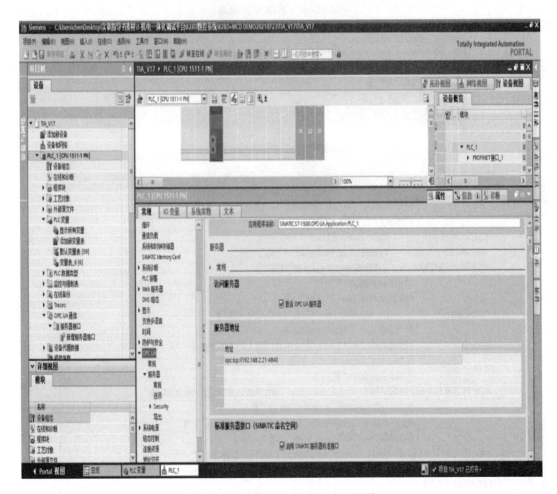

图 22-14　配置 PLC 的 OPC UA 通信

8. 建立所需信号

在 PLC 变量中建立所需通信信号及地址,并在触摸屏上组态,如图 22-15、图 22-16 所示。

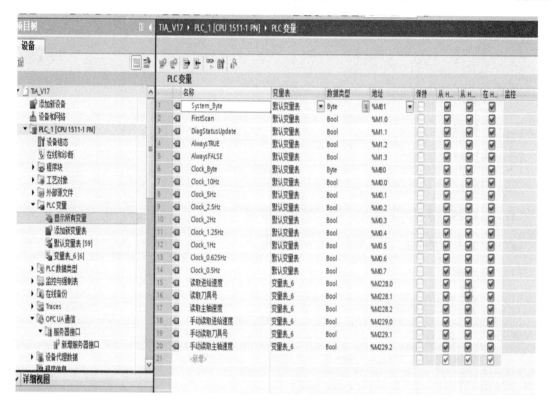

图 22-15 建立所需信号

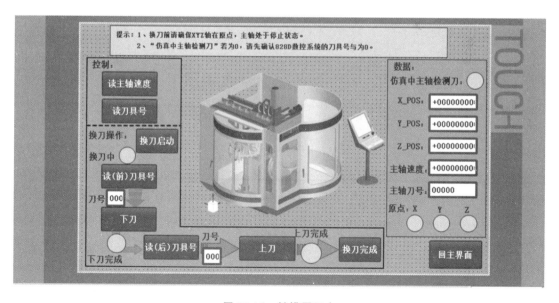

图 22-16 触摸屏组态

9. 通信成功

把编好的 PLC 程序与 HMI 组态下载到虚拟调试 VC 仿真平台中,操作 828D 数控系统

X、Y、Z 轴运动,查看 HMI 组态中"X_POS,Y_POS,Z_POS"变化情况。若数据有变化,证明通信成功。

■六、实验报告■

(一) 实验目的

(二) 实验设备

(三) 实验原理

(四) 打印出 PLC 程序及 HMI 参数

(五) 总结西门子 828D 与 1500PLC 通信的要点

(六) 结合实验遇到的问题谈谈你对实验的看法

(七) 思考题

(1) 思维拓展:用不同的通信方式做此实验。

(2) 思维创新:根据自己的想法设计自己的设备并实验。

(3) 逻辑创新:根据仿真序列中的编程逻辑,在博途中编写对应逻辑的 PLC 程序。

实验二十三 机床数字孪生虚拟调试实验

一、实验目的

（1）理解机床数字孪生虚拟调试工作的原理。

（2）掌握机床数字孪生虚拟调试的方法。

二、实验设备

序 号	仪器设备名称	数 量
1	虚拟调试 VC 仿真平台	1
2	机电一体化调试平台	1
3	具备调试条件的 MCD 机床模型	1

三、实验要求

（1）了解机床数字孪生虚拟调试的结构组成。

（2）掌握机床数字孪生虚拟调试的工作原理。

（3）熟悉机床数字孪生虚拟调试的反馈与控制信号。

四、实验原理图

1. 机床数字孪生

机床数字孪生（digital twin）即"机床数字化双胞胎"，是指以数字化方式再现真实的数控机床实体或系统。"机床数字化双胞胎"理念可应用于从产品设计、生产规划、生产工程、生产执行直到产品服务的全价值链的整合及数字化转型。机床数字孪生在虚拟环境下可以完整构建整个企业的数字虚体模型，在机床研发设计和生产制造执行（包括用户使用）环节之间形成一条双向数据流，实现协同制造和柔性生产。该技术受到世界知名制造业企业，尤其是中、高端实力型机床企业的关注及重视。

2. 机床数字孪生虚拟调试架构

机床数字孪生虚拟调试架构如图 23-1 所示。

3. 机床数字孪生虚拟调试系统

下面介绍机床数字孪生虚拟调试系统各组件的不同任务。

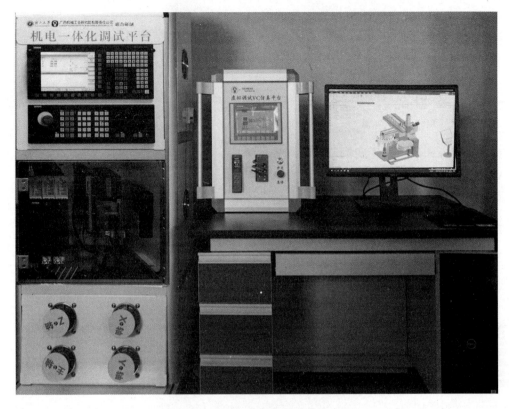

图 23-1 机床数字孪生虚拟调试架构

1）虚拟调试 VC 仿真平台

虚拟调试 VC 仿真平台用于连接 MCD 机电一体化概念设计仿真软件,实现对机床的虚拟调试。它能够将 PLC 逻辑程序和 HMI 逻辑程序的程序代码直接下载到虚拟仿真调试机,实时仿真验证虚拟生产线的运行情况,进行虚拟试生产;能够对 PLC 逻辑程序、HMI 逻辑程序、机床运动仿真进行虚拟调试。在此实验中,虚拟调试 VC 仿真平台作为 528D 数控系统与 MCD 机电一体化概念设计软件的通信通道。

2）机电一体化调试平台

机电一体化调试平台采用模块化开放式结构,配置 PLC 硬件模块、数控系统、伺服电动机及驱动器模块、信号灯模块,结合机电一体化软件,它根据实验需求自由搭建一个具有交互功能的机电一体化系统。系统可以实现与实际环境一致的物理性能、电气通信、运动控制以及动作功能,可实现多种控制方式融为一体,同一种负载模型可以通过多种驱动方式进行控制。在机床数字孪生虚拟调试的过程中,采用 MCD＋Sinumerik 828D 的方式,将 MCD 和西门子数控系统进行虚实连接,完成机床数字孪生的虚拟调试,可以调试的内容和实现的功能包括:

（1）仿真功能:干涉、刚体、加速度等;

（2）验证功能:操作顺序、NC 代码、PLC 代码等;

（3）定义功能:功能模型、需求、驱动和传感器等;

（4）虚拟调试功能:数字孪生(数字双胞胎)验证、机电概念设计校验、可视化呈现等。

五、实验内容与步骤

本实验主要由两个要点组成:虚实联动、手动换刀。

1. 硬件准备

828D 数控系统一套,虚拟调试 VC 仿真平台一套,带 MCD 软件电脑一台,如图 23-2 所示。

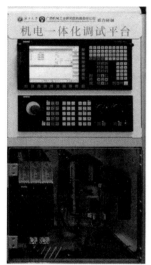  

图 23-2　实验所需软硬件设备

2. 各设备上电

828D 数控系统上电参数:输入三相五线 380 V 电源,各线连接需要对应;虚拟调试 VC 仿真平台:输入单相 220 V 电源;电脑:输入单相 220 V 电源。

3. 设备网络联通

电脑网线直接接到 VC 仿真平台的交换机即可,828D 数控系统 X130 接口接到交换机即可。

4. 虚实联动操作

828D 数控系统上电后会报警,发出蜂鸣器响,属于正常现象。等待开机完成后,按下 RE-SET 按钮,然后按下 SPINDLE START(主轴使能)与 FEED START(进给轴使能)按钮,即可停止报警。仿真运行播放,在 VC 仿真平台触摸屏界面找到"读主轴速度"按钮并按下(见图 23-3)。828D 数控系统能以旋转等各种模式运行,仿真模型会跟着 828D 数控系统的模式运动。

5. 手动换刀

(1) 手动操作机床各轴,见图 23-4。

切换到机床轴运动界面,按下 JOG 键,再按下 CYCEL START 键,两键都亮后就可以选择 X、Y、Z 轴,按下+或者-,各个轴就可以手动移动了;同时查看 MCD 中机床模型运行情

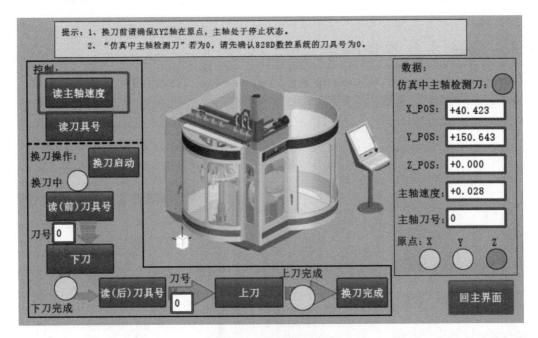

图 23-3　机床虚实联动

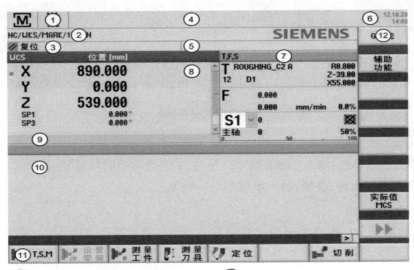

① 激活的操作区域和运行方式
② 程序路径和名称
③ 状态，程序作用和通道名称
④ 报警和信息显示行
⑤ 通道操作信息
⑥ 日期和时间
⑦ 显示：
－ T = 激活刀具
－ F = 当前进给速度
－ S = 主轴

⑧ 轴的位置读数
⑨ 激活零点、旋转、镜像和缩放
　显示
⑩ 工作窗口
⑪ 水平软键栏
⑫ 垂直软键栏

图 23-4　机床轴运动界面

况并记录其运动数据,见图 23-5。

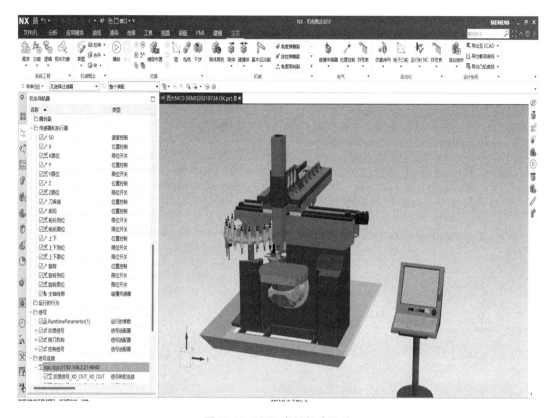

图 23-5　MCD 虚拟机床运动

(2) 机床各轴回原点。

切换到机床原点界面(见图 23-6),按下 JOG 键,然后按下 REF POINF 键,再按下

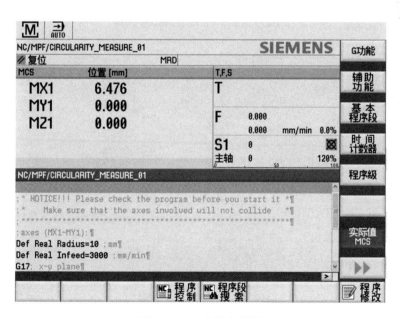

图 23-6　机床原点界面

CYCEL START 键,两键都亮后就可以选择 X、Y、Z 轴,按下＋或者－,各个轴就可以手动回原点了。

根据 VC 仿真平台中触摸屏的提示(见图 23-7),首先要确保 X、Y、Z 轴都在原点,且主轴处于停止状态,其次"仿真中主轴检测刀"若为灰色表示主轴无刀,所以 828D 数控系统中也要设置为无刀(即 828D 数控系统的 T 刀具值为 0)。这样就满足了换刀的条件。

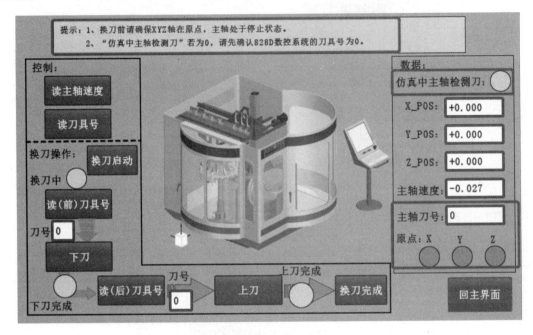

图 23-7 触摸屏操作界面

(3) 机床手动换刀,见图 23-8、图 23-9。

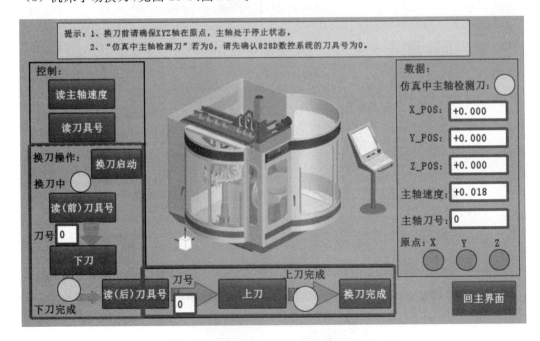

图 23-8 触摸屏机床换刀操作界面(一)

图 23-9　触摸屏机床换刀操作界面(二)

换刀启动—等待"换刀中"为 1—读(前)刀具号—等待刀具号值—下刀—等待"下刀完成"为 1—读(后)刀具号—等待刀具号值—上刀—等待"上刀完成"为 1—换刀完成(后面仿真未停止,即可继续这样操作)。

切换到机床换刀操作界面,在 T 处输入相应的刀具号,然后按下 CYCEL START 键,就可以跳到相应的刀具号了。同时观察 MCD 中机床模型运动情况,并记录其刀具更换情况,见图 23-10。

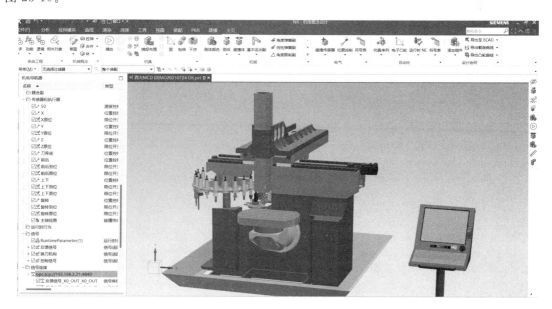

图 23-10　MCD 虚拟机床换刀

六、实验报告

（一）实验目的

（二）实验设备

（三）实验原理

（四）打印出 PLC 程序及 HMI 参数

（五）说明数字孪生机床的运动情况及位置数据、刀具数据

（六）结合实验遇到的问题谈谈对实验的看法

（七）思考题

不用虚拟调试 VC 仿真平台，是否可以完成此实验？

七、实验改进（自学、选做）

选用三轴机床完成本次实验。

参 考 文 献

[1] 张礼华,刘芳华,管建峰.机电液综合课程设计指导与实践[M].北京:北京航空航天大学出版社,2013.

[2] 金晓宏,朱学彪,李远慧,等.液压传动实验指导书[M].北京:中国电力出版社,2009.

[3] 凌更成.液压传动实验指导[M].长沙:湖南大学,1982.

[4] Rexroth® 系列培训项目手册,2017.

[5] 崔坚,赵欣.S7-1500 与 TIA 博途软件使用指南[M].北京:机械工业出版社,2020.

[6] 廖常初.S7-1200/1500 PLC 应用技术[M].北京:机械工业出版社,2017.

[7] 刘长青.S7-1500 PLC 项目设计与实践[M].北京:机械工业出版社,2016.